BestMasters

Johanna Hedwig Kerres

Informatische Bildung im Mathematikunterricht der Grundschule

Durchführung und Auswertung einer Unterrichtsreihe zum Thema Kryptologie

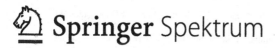

Johanna Hedwig Kerres
Münster, Deutschland

ISSN 2625-3577   ISSN 2625-3615 (electronic)
BestMasters
ISBN 978-3-658-39396-0   ISBN 978-3-658-39397-7 (eBook)
https://doi.org/10.1007/978-3-658-39397-7

Die Deutsche Nationalbibliothek verzeichnet diese Publikation in der Deutschen Nationalbibliografie; detaillierte bibliografische Daten sind im Internet über http://dnb.d-nb.de abrufbar.

Planung/Lektorat: Marija Kojic
Springer Spektrum ist ein Imprint der eingetragenen Gesellschaft Springer Fachmedien Wiesbaden GmbH und ist ein Teil von Springer Nature.
Die Anschrift der Gesellschaft ist: Abraham-Lincoln-Str. 46, 65189 Wiesbaden, Germany

Inhaltsverzeichnis

Abbildungsverzeichnis

Tabellenverzeichnis

Einleitung

„Es ist die Aufgabe der Grundschule, die Fähigkeiten, Interessen und Neigungen von Kindern aufzugreifen und sie mit den Anforderungen fachlichen und fachübergreifenden Lernens zu verbinden[1]. Eine bewusste Teilnahme am Leben in unserer Gesellschaft, aber auch die konstruktive Mitgestaltung der Lebenswelt, setzen zunehmend informatische Kompetenzen voraus." (Best et al., 2019, S. V)

„Es gehört zum Bildungsauftrag von Schule, Schülerinnen und Schüler bestmöglich auf das Lernen und Leben in einer sich rasant verändernden digitalisierten Welt vorzubereiten. Hierzu zählen neben digitalen Anwendungskompetenzen und kritischer Medienkompetenz auch informatische Kompetenzen. Denn diese ermöglichen es, die grundlegende Funktionsweise von Informatiksystemen zu verstehen und kritisch zu hinterfragen." (Humbert et al., 2019, GB02)

Diese Zitate von *Best et al.* und *Humbert et al.* stellen prototypisch die Relevanz der informatischen Bildung in unserer Gesellschaft heraus. Sie verweisen dabei auf die Aufgabe der Schule, die von informatischen Systemen durchdrungene Lebenswelt der Kinder bei der Ausgestaltung von Bildungsangeboten zu berücksichtigen. Eine KIM-Studie aus dem Jahr 2020[2] zeigt, dass 70 Prozent der Kinder im Alter zwischen sechs und 13 Jahren täglich den Fernseher nutzen, während 71 Prozent täglich das Internet nutzen (Medienpädagogischer Forschungsverbund Südwest, 2021). Diese Studie stellt heraus, dass mit steigendem Alter der Kinder auch der Anteil der Internetnutzer:innen zunimmt: Bei den Sechs- bis Siebenjährigen nutzen noch ein Drittel selten das Internet, bei den Zwölf- und 13-jährigen

---

[1] Hier bezieht sich *Best* auf den Lehrplan NRW (Ministerium für Schule und Bildung des Landes Nordrhein-Westfalen, 2021a, S. 12).

[2] Bei der KIM-Studie wurden etwa 1200 Kinder zwischen sechs und 13 Jahren und deren Erziehungsberechtigte befragt. Diese Form der Studien werden seit 1999 regelmäßig durchgeführt und untersuchen das Medienverhalten von SuS. KIM ist hierbei ein Akronym für *Kinder und Medien*.

J. H. Kerres, *Informatische Bildung im Mathematikunterricht der Grundschule*, BestMasters, https://doi.org/10.1007/978-3-658-39397-7_1

nutzen mit 97 Prozent fast alle den Internetzugang (Medienpädagogischer Forschungsverbund Südwest, 2021). Zudem wird betont, dass sowohl Mediennutzung
bei Kindern, als auch Digitalisierung durch die Corona-Pandemie 2020 verstärkt
wurde (Medienpädagogischer Forschungsverbund Südwest, 2021). *Petrut* stellt
2017 fest[3], dass 87,4 Prozent der befragten Kinder im Grundschulalter Zugang
zu Computern haben (Petrut et al., 2017, S. 67) – innerhalb von informatischen
Themen sei bei Jungen das Interesse an technischen Geräten größer, bei Mädchen hingegen das Interesse am Lösen technischer Aufgaben (Petrut et al., 2017,
S. 68). Die Studie zeigt zudem, dass über 25 Prozent der Kinder kein Vorwissen im Bereich der Informatik hat (Petrut et al., 2017, S. 71). „Dies lässt nicht
nur darauf schließen, dass es keinen Informatikunterricht in der Grundschule gibt,
sondern auch, dass in anderen Fächern kein Bezug zu Informatik hergestellt wird"
(Petrut et al., 2017, S. 71).

Bergner et al. kommen zu dem Befund, dass Kinder zwar selbstständig mit
Informatiksystemen agieren können, die zugrundeliegenden Prinzipien aufgrund
mangelnder Bildungsangebote allerdings nicht verstehen (Bergner et al., 2017,
S. 56).

Im Lehrplan des Landes Nordrhein-Westfalen (NRW) sind im Kontrast
zur herausgearbeiteten Relevanz des Themas die Konzepte der informatischen
Bildung nicht verankert.

„In Nordrhein-Westfalen (NRW) etwa, dem derzeit bevölkerungsreichsten Bundes-
land in Deutschland, findet der Begriff „Informatik" in den Richtlinien und Lehrplä-
nen für die Grundschule keine […] Erwähnung." (Best, 2020, S. 6)

Gleiches gilt auch für die überarbeiteten Lehrpläne für die Grundschule, die
am 01.08.2021 in Kraft getreten sind (Ministerium für Schule und Bildung des
Landes Nordrhein-Westfalen, 2021c).

Laut *Best* haben die meisten Schülerinnen und Schüler (SuS) keine oder
nur basale informatische Kompetenzen, wenn sie die Grundschule abgeschlossen
haben (Best, 2020, S. 7). Vorhandene Kenntnisse basieren meist auf außerschulischen Angeboten oder Arbeitsgemeinschaften innerhalb von Schulen. *Best* stellt
somit die Zufälligkeit der Kompetenz dar (Best, 2020, S. 7). Zudem betont
er, dass ein verpflichtender Informatikunterricht „zu einer Homogenisierung
beitragen" (Best, 2020, S. 7) würde.

---

[3] Bei dieser Studie von *Petrut* wurden 223 SuS im Zeitraum von 2012 und 2016 mittels
Prä-Post-Fragebögen befragt. Die Intervention stellte einen außerschulischen Workshop zu
informatischen Themen dar.

„Viele Kinder in Deutschland wachsen zurzeit mit großartigen Möglichkeiten und Perspektiven auf. Eine im Alltag wirkmächtige, derzeit aber im Bildungssystem nicht in dem Ausmaß widergespiegelte Ursache sind die Veränderungen durch die Digitalisierung, die derzeit alle Lebensbereiche erfasst und transformiert." (Bergner et al., 2017, S. 53)

„Eine informatische Sicht der Welt erschließt sich für Schülerinnen und Schüler dabei nicht primär aus der alltäglichen Erfahrung mit digitalen Medien, zumal sich diese fortwährend ändern, sondern vielmehr durch eine fachlich fundierte Auseinandersetzung – ausgehend von der Lebenswelt dieser Schülerinnen und Schüler." (Best et al., 2019, S. 3 f.)

Einige Projekte wie *Informatik an Grundschulen* oder *Computer Science unplugged* haben sich in den letzten Jahren bereits mit der Umsetzung von kindgerechter informatischer Bildung beschäftigt[4]. Im Zuge dessen wurden konkrete Unterrichtsmaterialien und Ansätze zur didaktischen Legitimation von Unterrichtseinheiten zur informatischen Bildung herausgegeben. Studien zum Thema Lernzuwachs im Kontext informatischer Bildung in der Grundschule existieren bis heute allerdings nicht.

Dabei verdeutlicht gerade der Konflikt zwischen praktischer Bedeutung der informatischen Bildung einerseits und mangelnder Verankerung im Bildungsangebot deutscher Grundschulen andererseits die Wichtigkeit von wissenschaftlicher Forschung in diesem Bereich. Es ist naheliegend, dass ein größeres wissenschaftliches Interesse an diesem Thema dazu führen kann, dass der informatischen Bildung auch bei der Ausgestaltung der Lehrpläne ein höherer Stellenwert eingeräumt wird.

Vor diesem Hintergrund erklärt sich das Ziel der Arbeit: Sie soll einen Beitrag zum Ausbau des Forschungsstandes zum Thema informatische Bildung an Grundschulen leisten. Um dieses breite Feld weiter einzugrenzen, wird der Fokus auf das Themenfeld der Kryptologie innerhalb der informatischen Bildung gerichtet. Um das Ziel zu erreichen, wird im Sinne der fachdidaktischen Entwicklungsforschung eine Unterrichtsreihe auf Basis einer bereits entwickelten Reihe[5] verändert, durchgeführt, und mittels verschiedener Methoden evaluiert.

Folgende Frage dient als leitende Forschungsfrage: *Inwiefern kann informatische Bildung (im Sinne von Kryptologie) im Rahmen des Mathematikunterrichts in der Grundschule zum Unterrichtsgegenstand gemacht werden?*

Weiterführende Forschungsfragen bezogen auf die Unterrichtsreihe sind:

---

[4] Weitere Informationen: https://www.uni-muenster.de/Grundschulinformatik/materialien/index.html (aufgerufen am 12.01.2022).

[5] Die Unterrichtsreihe ist dem Projekt *Informatik an Grundschulen* (IaG) entnommen.

(1) *Inwiefern trägt die entwickelte Unterrichtsreihe zur Kompetenzentwicklung bei? Welche Schwierigkeiten bestehen?*

(2) *Welche Designprinzipien lassen sich im Sinne der fachdidaktischen Entwicklungsforschung für die Unterrichtsreihe ableiten?*

Des Weiteren wird eine Frage zum Lernprozess der SuS untersucht:

(3) *Welche Phasen bzw. kognitiven Prozesse lassen sich bei der Bearbeitung von Aktivitäten zur Kryptologie identifizieren?*

Zur Beantwortung der Forschungsfragen ist die Arbeit wie folgt strukturiert:

Nach der Einleitung werden die theoretischen Grundlagen zum Thema informatische Bildung in der Grundschule dargestellt (2). Dazu werden zunächst begriffliche Definitionen vorgenommen (2.1). Darauf aufbauend wird die Relevanz des Themenfeldes informatische Bildung in der Grundschule herausgestellt (2.2). Folgend wird in das spezifische Projekt *Informatik an Grundschulen* vorgestellt (2.3) und genauer auf das Themenfeld Kryptologie eingegangen (2.4). Im folgenden Kapitel wird die durchgeführte Unterrichtseinheit zur Kryptologie (3) thematisiert. Dazu wird auf Zielsetzung (3.1), didaktische Legitimation anhand mehrerer Instanzen (3.2) und Design, Durchführung und Ergebnisdarstellung bzw. Ergebnisinterpretation (3.3) eingegangen. Im Anschluss werden die Evaluationen der Unterrichtsreihe anhand des Lernfortschrittes der SuS dargestellt und interpretiert (4). Dazu werden Standortbestimmungen (4.1) und Interviews (4.2) herangezogen. Im Nächsten Kapitel werden die bereits genannten Forschungsfragen beantwortet und die Ergebnisse und Verfahren diskutiert (5). Die Arbeit schließt mit einem Fazit und einem Ausblick auf weitere Forschungsmöglichkeiten (6).

Theoretische Grundlagen: Informatische Bildung in der Grundschule

2

2.1 Begriffliche Abgrenzung Informatik/Informatische Bildung

Der Begriff Informatik ist laut *Humbert et al.* als Wortkomposition aus den Begriffen Information und Automatik zu verstehen (Humbert et al., 2019, GB04). *Bergner et al.* definieren Informatik als „Wissenschaft der automatischen Informationsverarbeitung" (Bergner et al., 2017, S. 54) und zeigen als primäres Ziel auf, Algorithmen für digitale Produkte zu konzipieren, um Abläufe zu automatisieren und Daten zu transferieren (Bergner et al., 2017, S. 54).

Im Kontrast dazu steht in der Fachdidaktik des Faches Informatik „das Lösen realweltlicher Probleme im Mittelpunkt" (Bergner et al., 2017, S. 54). Hierbei liegt der Schwerpunkt auf dem Modellieren, nicht auf dem Programmieren (Bergner et al., 2017, S. 54).

2.2 Relevanz des Themas informatische Bildung an der Grundschule

Wie bereits angeführt und in Studien herausgestellt, durchzieht Informatik – meist unbewusst – nahezu alle Lebensbereiche von Menschen jeglichen Alters und verändert diese kontinuierlich (Bergner, 2018, S. 28). Dieser Umstand legitimiert laut *Humbert et al.* den Einbezug von informatischen Themen in den Schulunterricht. Laut den Autor:innen wird die informatische Modellierung dadurch „als ‚Sicht auf die Welt' zu einem Schlüssel für das Weltverständnis" (Humbert et al., 2019, GB08).

J. H. Kerres, *Informatische Bildung im Mathematikunterricht der Grundschule*, BestMasters, https://doi.org/10.1007/978-3-658-39397-7_2

„Informatische Bildung leistet zur Entwicklung der Allgemeinbildung in der Informations- und Wissensgesellschaft einen wichtigen Beitrag. Sie soll Schülerinnen und Schüler befähigen, sich mit Problemen unserer durch Informatiksysteme und Digitalisierung geprägten Gesellschaft kompetent auseinanderzusetzen, und ihre erworbenen informatischen Kompetenzen erfolgreich sowohl für ihre künftige individuelle Lebensgestaltung als auch für eine durch Solidarität geprägte gesellschaftliche Entwicklung nutzen." (Humbert et al., 2019, GB04)

Zentrale Zielsetzung informatischer Bildung ist laut *Bergner* das „eigenständige, verantwortungsvolle Handeln in einer digital geprägten Lebenswirklichkeit" (Bergner, 2018, S. 39).

Informatische Bildung sollte den Umgang mit digitalen Geräten thematisieren, um einen Zugang zu diesem Themenfeld zu schaffen, so *Bergner*. Der Begriff *Zugang* ist dabei nicht gleichzusetzen mit *Umgang*, es geht daher bei informatischer Bildung nicht um Mediennutzungskompetenzen, sondern um Kompetenzen, die informatische Hintergrundprinzipien betreffen (Bergner, 2018, S. 40). Um eine oberflächliche Nutzung von digitalen Technologien zu verhindern, ist laut Bergner eine „Kenntnis der grundlegenden Funktionsprinzipien und Wirkungsweisen digitaler Technologien" (Bergner, 2018, S. 39 f) unabdingbar.

„Informatische Bildung beruht daher zu einem großen Teil auf den – sozusagen hinter der Benutzungsoberfläche verborgenen – Prinzipien und Konzepten, die zur Konstruktion und zur Beschreibung der Wirkungsweise digitaler Systeme benötigt werden und befähigt damit zu deren effektiven und effizienten Nutzung und Gestaltung." (Bergner, 2018, S. 40)

Laut *Best et al.* sind wichtige Kompetenzen „unter anderem ein strukturiertes Zerlegen von Problemen wie auch ein konstruktives und kreatives Modellieren von Problemlösungen" (Best et al., 2019, S. V). Somit wird deutlich, dass informatische Bildung einen Beitrag zur Allgemeinbildung leistet (Best et al., 2019, S. V). Um diese Zielkompetenzen zu vermitteln, benötigt informatische Bildung eine „altersgerechte Einbettung in den Primarbereich" (Best et al., 2019, S. V).

Folgende weitere Argumente sprechen für den Informatikunterricht an Grundschulen:

(1) Das Verständnis der informatischen Grundlagen ist für die SuS unabdingbar, da Informatik tiefgreifende Veränderungen in der Gesellschaft herbeiführt (Humbert et al., 2019, GB12).

(2) Zudem bringt die Nutzung von Informatiksystemen wie Tablets oder Computern kein Verständnis für Informatik mit sich. „Es ist klar, dass nur explizit der

informatischen Bildung zugeordneter Unterricht die Schülerinnen und Schüler in die Lage versetzt, die Grundlagen der Informatik zu verstehen, die unabhängig von aktuellen Informatiksystemen auch in Zukunft gültig sind" (Humbert et al., 2019, GB12).

(3) Informatik und Medienbildung stehen nicht in Widerspruch oder Konkurrenz zueinander. Die Informatik bildet eine Voraussetzung und Grundlage für die Medienbildung (Humbert et al., 2019, GB13).

(4) Geschlechtsbezogene Rollenbilder sind in der Grundschule noch nicht festgelegt, weshalb es besonders relevant ist, Mädchen in dieser Zeit in informatischer Bildung zu schulen, um ein geschlechtsunabhängiges informatisches Selbstkonzept zu erlangen (Best et al., 2019, S. V).

„Eine informatische Bildung geht […] über das eigentliche Fach Informatik hinaus, sie bedeutet mehr als die Aneignung von Kenntnissen über Inhalte und Methoden der Wissenschaft Informatik. Sie bedeutet vielmehr, dass Menschen in die Lage versetzt werden, das Durchdringen aller Lebensbereiche durch Informationstechnik zu erkennen und sich darin kenntnisreich orientieren zu können. Nur so lassen sich Chancen und Risiken der Digitalisierung der gesellschaftlichen Gegebenheiten in Kunst, Kultur, Wissenschaft, Technik, Wirtschaft und sozialem Umfeld erkennen und bewältigen." (Peters, 2009, S. 4)

2.2.1 Informatischer Modellierungskreislauf

Die bereits erwähnte informatische Modellierung kann durch den informatischen Modellierungskreislauf (siehe Abbildung 2.1)ausgedrückt werden, der im Folgenden vorgestellt wird.

„Informatische Modelle zeichnet aus, dass sie eine Umsetzung erfahren, die das Modell wirksam werden lässt. Damit besteht eine enge Wechselwirkung zwischen der informatischen Modellierung und dem modellierten Realitätsausschnitt. Die Modellierung wirkt durch das erstellte Informatiksystem in den modellierten Bereich zurück und verändert diesen." (Humbert, 2006, S. 14)

Der Kreislauf beginnt, wie in *Abbildung 2.1* verdeutlicht wird, mit einem Problem in der Lebenswelt der SuS. Dieses wird hier als *Situation* bezeichnet und zum Beispiel durch eine ungelöste Aufgabe konkretisiert. Eine beispielhafte Aufgabe im Bereich der Kryptologie wäre: *Wie kann Person X Person Y die Nachricht „Hallo" schreiben, ohne dass Person Z diese lesen kann?* Durch *Formalisieren* wird diese *Situation* zu einem *Modell*. Hierbei sieht die bearbeitende Person die Nachricht nun als Zeichenfolge an, welche durch eine ihm bekannte Verschlüsselung

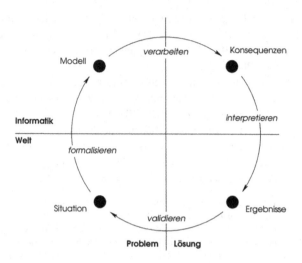

Abbildung 2.1 Modellierungskreislauf der Informatik (Magenheim, 2004, S. 71)

codiert werden soll. Dieser Schritt geschieht im *Verarbeiten* zu *Konsequenzen*. Im gegebenen Beispiel wäre die Konsequenz die verschlüsselte Zeichenfolge. Die *Interpretation* dieser *Konsequenz* zur Erzielung von *Ergebnissen* findet statt, indem jenes Wort in die Lebenswelt zurückgeführt wird. Das Kind soll also erkennen, dass die codierte Zeichenfolge das Wort ist, welches Person X Person Y schreiben kann. Bei der *Validierung* kann das Ergebnis wieder zum neuen Ausgangspunkt, also einer *Situation*, des Modellierungskreislaufes werden. Das könnte zum Beispiel beim Erkennen von Schwierigkeiten geschehen. Potenziell kann der Kreislauf erneut beginnen.

2.2.2 Problemlöseschritte nach Polyá

Die Problemlöseschritte nach *Polyá* sind nicht explizit in die Informatik eingebettet, sondern „nicht auf ein bestimmtes Fach beschränkt" (Pólya & Behnke, 1980, S. 15).

Wie bereits erwähnt, stellen *Best et al.* den Zusammenhang zwischen informatischer Bildung und Problemlösen heraus (Best et al., 2019, S. V). In diesem Sinne sind die Problemlöseschritte im Bereich informatischer Bildung relevant – sie werden an dieser Stelle dargestellt und im weiteren Verlauf angewendet.

> „Aus mathematikdidaktischer Perspektive kennzeichnet der Begriff Problemaufgabe [...] eine Aufgabenart, der mehr oder weniger für den Aufgabenbearbeiter anspruchsvolle mathematische Strukturen zugrunde liegen, [...] sodass der keine vertrauten Lösungsmuster bzw. Transferleistungen anwenden kann." (Käpnick & Benölken, 2020, S. 133)

Polyá sieht Problemlösen als die Haupttätigkeit mathematischen Treibens an (Käpnick & Benölken, 2020, S. 135). Dazu hat er vier Problemlöseschritte herausgearbeitet, die beim Lösen von Problemaufgaben durchlaufen werden (Pólya & Behnke, 1980, S. 19 ff).

(1) Zunächst muss das Verständnis der Aufgabe gewährleistet werden. *Polyá* zieht hier auch das Interesse an der Aufgabenbearbeitung mit ein, das laut ihm ebenfalls gegeben sein sollte (Pólya & Behnke, 1980, S. 20).

(2) Danach muss ein Plan eruiert werden, mittels welchem die Aufgabe gelöst werden kann. „Die eigentliche Leistung bei der Lösung einer Aufgabe ist es [...], die Idee eines Planes auszudenken" (Pólya & Behnke, 1980, S. 22). Dies kann auf unterschiedlichen Wegen geschehen, zum Beispiel durch das Finden eines Zusammenhangs zwischen den gegebenen Daten und der Unbekannten oder durch die Betrachtung von Hilfsaufgaben.

(3) Der dritte Schritt ist das Ausführen des zuvor festgelegten Plans, also das eigentliche Lösen der Aufgabe bzw. des Problems.

> „Der Plan gibt einen Allgemeinen Umriß [sic!]; wir haben uns davon zu überzeugen, daß [sic!] die Einzelheiten in diesem Umriß [sic!] passen, und so müssen wir die Details nacheinander prüfen, geduldig, bis alles vollkommen klar ist und keine dunkle Stelle übrig bleibt, in der noch ein Irrtum verborgen sein könnte" (Pólya & Behnke, 1980, S. 26)

(4) Zum Abschluss passiert eine Rückschau bzw. Prüfung der erhaltenen Lösung. Dies führt laut *Polyá* zur Wissensentwicklung und der Fähigkeit der Aufgabenlösung (Pólya & Behnke, 1980, S. 28).

2.3   Vorstellung des Projektes Informatik an Grundschulen

Wie bereits erwähnt, existieren einige Projekte, die sich mit dem Thema informatische Bildung an Grundschulen beschäftigen. Dazu zählen *Computer Science Unplugged* aus Neuseeland, *Für Informatik begeistern* aus Oldenburg, *Spioncamp* aus Wuppertal und *Abenteuer Informatik* aus Darmstadt[1]. An der Westfälischen Wilhelms-Universität (WWU) Münster ist das Projekt *Informatik in der Grundschule* beheimatet[2]. Die vorliegende Arbeit befasst sich mit einem anderen Konzept.

Das Projekt *Informatik an Grundschulen* (IaG) ist ein Projekt der Universitäten in Aachen, Paderborn und Wuppertal, welches sich auf SuS der dritten und vierten Klassenstufe fokussiert. „Unser Ansatz im Projekt Informatik an Grundschulen (IaG) besteht darin, dass Schülerinnen und Schüler informatische Prinzipien kennen lernen, die ohne die Nutzung von Informatiksystemen einen handelnden, erfahrungsgeleiteten und erkundenden Zugang zur Informatik erleben" (Fricke & Humbert, 2019, KR01). Ziel ist es, ihnen die „Facetten der Informatik begreifbar zu machen, und sie so zu unterstützen, ein Verständnis für Informatiksysteme und die Bedeutung von Informatik im Alltag zu entwickeln" (Ministerium für Schule und Bildung des Landes Nordrhein-Westfalen, 2021b). Der Fokus liegt dabei im Sinne der informatischen Bildung auf dem Verständnis informatischer Grundkonzepte, nicht auf der Nutzung von Medien wie Computern, Tablets oder Handys (Ministerium für Schule und Bildung des Landes Nordrhein-Westfalen, 2021b). Dazu sind die Materialien „unplugged" (Humbert et al., 2019, GB02) konzipiert worden. Die Unterrichtseinheiten sind dementsprechend unabhängig von der technischen Ausstattung der jeweiligen Schule realisierbar (Humbert et al., 2019, GB02). Das hat den Vorteil, dass die Module unabhängig von der Technikaffinität der Lehrperson (LP) und den SuS sind, was den Lernerfolg beeinflussen könnte (Ministerium für Schule und Bildung des Landes Nordrhein-Westfalen, 2021b).

Um dieses Ziel zu erreichen, haben die Universitäten in Zusammenarbeit mit mehreren Grundschulen in einem Pilotprojekt Unterrichtseinheiten für den Sachunterricht[3] entwickelt, die Einblicke in jeweils ein informatisches Thema

---

[1] Weitere Informationen: https://www.uni-muenster.de/Grundschulinformatik/materialien/index.html (aufgerufen am 12.01.2022).

[2] Weitere Informationen: https://www.uni-muenster.de/Grundschulinformatik/ (aufgerufen am 12.01.2022).

[3] Laut *Best et al.* hat die Informatik „durch die Einbettung in gesellschaftliche Kontexte strukturwissenschaftliche, mathematische, natur- und ingenieurwissenschaftliche sowie gesellschafts- und geisteswissenschaftliche Züge" (Best et al., 2019, S. 3). Dabei „ergänzt

gewährleisten (Ministerium für Schule und Bildung des Landes Nordrhein-Westfalen, 2021b). Als Grundlage diente dabei der Medienkompetenzrahmen des Landes NRW aus dem Jahr 2017 und die im Lehrplan NRW verankerte Kompetenz *Problemlösen* und *Modellieren*, welche laut *Humbert et al.* Basis und Legitimation für informatische Grundbildung liefert (Humbert et al., 2019, GB02)[4].

„Die Materialien ermöglichen es, die Schülerinnen und Schüler für informatische Aspekte aus der Erfahrungs- und Lebenswelt zu sensibilisieren und Vorkenntnisse aufzugreifen, indem ein vom Kind ausgehender Blick auf die Gegenstände und Methoden der Informatik geworfen wird" (Ministerium für Schule und Bildung des Landes Nordrhein-Westfalen, 2021b)

Die Einheit der RWTH Aachen hat das Modul *Digitale Welt*, die der Universität Paderborn das Modul *Wie funktioniert ein Roboter?* und die Einheit der Universität Wuppertal das Modul *Ich habe ein Geheimnis!* erarbeitet (Ministerium für Schule und Bildung des Landes Nordrhein-Westfalen, 2021b).

Die Projektmodule haben in der Entwicklung jeweils mehrere Phasen durchlaufen.

(1) Zunächst wurden die Unterrichtsmaterialien entwickelt und konzipiert. Sie beruhen auf dem Konzept des entdeckenden Lernens. Die Konzepte werden vor allem über die enaktive Ebene vermittelt (Ministerium für Schule und Bildung des Landes Nordrhein-Westfalen, 2021b).

„Indem Schülerinnen und Schüler verschiedene Interaktionen mit einem Informatiksystem ausprobieren und dabei das Systemverhalten beobachten, können Interaktionsmuster erkannt und – basierend auf beobachtbaren Funktionen des Systems und lernförderlichen Impulsen der Lehrkräfte – erste rudimentäre Modelle über deren innere Struktur aufgebaut werden." (Humbert et al., 2019, GB09)

(2) Im nächsten Schritt wurden die ersten Erprobungen und Evaluationen in den Grundschulen der LP durchgeführt, die bei der Modulentwicklung mitgewirkt

---

und überschreitet [Informatik] die Gegenstandsbereiche und Methodenspektren anderer Fachdisziplinen" (Best et al., 2019, S. 3). Mit Blick auf diese Einordnung ist die Informatik unter anderem sowohl dem Sachunterricht als auch dem Mathematikunterricht zuzuordnen. In dieser Arbeit wird der Mathematikunterricht fokussiert.

[4] Weitere Hintergründe zur didaktischen Legitimation in Abschnitt 3.2.

haben. Zeitgleich wurden die Materialien der drei Standorte zum Feedback und zur Weiterentwicklung untereinander ausgetauscht (Ministerium für Schule und Bildung des Landes Nordrhein-Westfalen, 2021b).
(3) Im Anschluss wurden Schulungen für weitere LP konzipiert und durchgeführt. Diese haben die Module im letzten Schritt im eigenen Unterricht durchgeführt und wurden dabei teilweise von Universitätsmitarbeiter:innen begleitet (Ministerium für Schule und Bildung des Landes Nordrhein-Westfalen, 2021b).

Das Modul, mit welchem sich diese Arbeit befasst, ist ein Modul der Universität Wuppertal zur Kryptologie. Es handelt sich dabei um das *Einstiegsmodul Kryptologie*, zu welchem aufbauend das *Erweiterungsmodul Kryptologie* konzipiert wurde (Ministerium für Schule und Bildung des Landes Nordrhein-Westfalen, 2021b).

2.4   Kryptologie in der Grundschule

„Wir leben in einer Welt, in der Information eine zentrale Rolle spielt. Zunehmend werden dabei Informationen in elektronischer Form über das Internet ausgetauscht. Ihr Schutz vor unerlaubtem oder unerwünschtem Lesen und ebenso vor Verfälschung wird immer wichtiger. Um dieses Ziel zu erreichen, muss man die Gefahren beim elektronischen Datenverkehr und geeignete Gegenmaßnahmen kennen. Das nötige Wissen stellt die Kryptografie bereit." (Wätjen, 2018, S. V)

Historische Verschlüsselungen waren primär für „diplomatische, militärische und geheimdienstliche Zwecke" (Wätjen, 2018, S. V) relevant. Im Zeitalter von vorwiegend elektronischem Datenverkehr – etwa über E-Mail oder WhatsApp-Nachrichten – hat sich auch auf Ebene der Verschlüsselung vieles verändert. Seitdem sind traditionelle Sicherheitsmaßnahmen überholt. Die Sicherheit beim elektronischen Datentransport und der Datensicherung muss nach wie vor gewährleistet sein (Wätjen, 2018, S. V).
Es gibt zwei Methoden, um den Zugriff auf Daten zu verhindern: Entweder eine Nachricht wird verborgen, also „dadurch geschützt, dass sie nicht sofort sichtbar ist" (Fricke & Humbert, 2019, KR08), was als *Steganografie* bezeichnet wird. Die andere Möglichkeit ist die der Verschlüsselung bzw. Codierung, bei welcher Daten unkenntlich gemacht werden (Fricke & Humbert, 2019, KR08). Letztere Methode wird auch als *Kryptografie* bezeichnet (Fricke & Humbert, 2019, KR08). *Kryptologie* hingegen „ist die Wissenschaft, die sich mit dem

gesamten Themenfeld von der Verschlüsselung, über die Entschlüsselung bis hin zum Hacking und Code-Breaking beschäftigt" (Fricke & Humbert, 2019, KR08)[5].

„Verschlüsselung und Codierung sind zentrale informatische Gegenstände, die in der heutigen, digitalen Kommunikation die zentrale Grundlage der Datenverarbeitung darstellen. Für Schülerinnen und Schüler kann diese zentrale Idee der Informatik ganz ohne Informatiksystem vermittelt werden. Verschlüsselung bedeutet, dass ein Schlüssel verwendet wird, um die Zeichen oder Buchstaben der Klarbotschaft zu repräsentieren. In diesem Fall muss der Schlüssel zwischen Sender und Empfänger bekannt sein. Durch Verschlüsselung können Botschaften sicherer geheim übermittelt .werden. Jede Geheimschrift wird zunächst definiert durch ein bestimmtes Vorgehen, dem Verschlüsselungsalgorithmus. Dieser Algorithmus wird verknüpft mit einem Schlüssel, welcher nur dem Sender und dem Empfänger bekannt ist. Kombiniert ergibt sich ein System, welches Sender und Empfänger ermöglicht, geheim miteinander zu kommunizieren." (Fricke & Humbert, 2019, GB08)

„Die Bedeutung der Codierung sowie insbesondere der Verschlüsselung von Daten – gerade in Bezug auf Informatiksysteme – begründet diese Schwerpunktsetzung im Primarbereich. So soll der Blick der Kinder auf diesen spannenden und für das Verständnis der Informatik zentralen Aspekt geschärft werden. Verschlüsselung ist ein wichtiges Prinzip, um vertraulich kommunizieren zu können [...]. Der Wunsch nach Vertraulichkeit bei der (digitalen) Kommunikation bildet eine Grundlage, um ein Eigeninteresse zum Schutz persönlicher Daten aufzubauen. Da aktuelle Verschlüsselungsverfahren zu komplex für die Bearbeitung durch die Schülerinnen und Schüler in der (Grund-)Schule sind, bietet sich eine historisch orientierte Thematisierung einfacher Verschlüsselungsverfahren und deren Analyse an." (Best et al., 2019, S. 12)

Dabei gibt es zwei Arten, Texte zu chiffrieren, also zu verschlüsseln: Zunächst sei die Transpositionschiffre genannt, bei welcher die Zeichen des Textes umgestellt werden. Bei der Substitutionschiffre werden die Zeichen durch andere Zeichen oder Symbole ersetzt (Wätjen, 2018, S. 2).

---

[5] Nach Vorbild des Projektes *Informatik an Grundschulen* wird im weiteren Verlauf der Arbeit der Begriff *Kryptologie* für die Bezeichnung des gesamten Themenfeldes Kryptologie/Kryptografie verwendet. *Steganographie* wird in der entwickelten Unterrichtseinheit als Hinführung zum Themenfeld Kryptologie angewendet; da der Fokus aber auf Kryptologie liegt, wird dieser vertieft thematisiert.

Unterrichtseinheit zum Themenfeld Kryptologie

3

Im Folgenden wird die an den Empfehlungen des Projekts *Informatik an Grundschulen* orientierte Unterrichtsreihe vorgestellt, die Durchführung beschrieben und evaluiert. Die Unterrichtsreihe wird dabei an die Bedürfnisse der Klasse und dem Durchführungskontext angepasst und überarbeitet.

3.1 Zielsetzung der Unterrichtseinheit

Übergeordnetes Ziel der Unterrichtsreihe ist das Verstehen der informatischen Denkweise. Das soll durch das Operieren mit verschiedenen Konzepten der Kryptologie erreicht werden. Durch das Kennenlernen von Verfahren zur Steganographie, Codierung und Transposition lernen die SuS den Umgang mit kryptografischen Algorithmen. Diese sind, wie bereits erläutert, als Grundstein der informatischen Bildung zu verstehen, was ihre Aufnahme in den Bildungskanon legitimiert.

3.2 Didaktische Legitimation

Im Folgenden wird die Unterrichtsreihe didaktisch legitimiert. Dazu werden neben dem Lehrplan NRW auch der Medienkompetenzrahmen NRW, die Kompetenzen für informatische Bildung der Gesellschaft für Informatik (GfI) und

Ergänzende Information Die elektronische Version dieses Kapitels enthält Zusatzmaterial, auf das über folgenden Link zugegriffen werden kann https://doi.org/10.1007/978-3-658-39397-7_3.

J. H. Kerres, *Informatische Bildung im Mathematikunterricht der Grundschule*, BestMasters, https://doi.org/10.1007/978-3-658-39397-7_3

die Empfehlungen der Kultusministerkonferenz (KMK) im Bereich informatische Bildung vorgestellt.

3.2.1 Lehrplan NRW Mathematik

Die Unterrichtsreihe lässt sich in den vier mathematischen Inhaltsbereichen *Zahlen und Operationen*, *Raum und Form*, *Größen und Messen* und *Daten, Häufigkeiten und Wahrscheinlichkeiten* nicht verorten (Ministerium für Schule und Bildung des Landes Nordrhein-Westfalen, 2021a, S. 79 ff.). Die Kompetenzbereiche werden allerdings angesprochen. Vor allem die Kompetenzen *Problemlösen* und *Modellieren* werden gefördert. Im Rahmen des Problemlösens sollen SuS „Aufgabenstellungen eigenständig" (Ministerium für Schule und Bildung des Landes Nordrhein-Westfalen, 2021a, S. 78) erkunden und potenzielle Vorgehensweisen bzw. Algorithmen erarbeiten (Ministerium für Schule und Bildung des Landes Nordrhein-Westfalen, 2021a, S. 78). Bezogen auf Modellierung sollen SuS „Mathematik auf konkrete Aufgabenstellungen aus ihrer Lebenswelt an[wenden]" (Ministerium für Schule und Bildung des Landes Nordrhein-Westfalen, 2021a, S. 78). Dieser Zusammenhang wird vor allem im informatischen Modellierungskreislauf deutlich[1]. Diese beiden Kompetenzen beziehen sich konkret auf das Ver- und Entschlüsseln von Nachrichten. Indirekt werden die anderen Kompetenzbereiche – *Kommunizieren, Darstellen* und *Argumentieren* – durch die Arbeit in Partner:innen- und Plenumsphasen abgedeckt (Ministerium für Schule und Bildung des Landes Nordrhein-Westfalen, 2021a, S. 78)[2].

Auch im weiteren Lehrplan des Landes NRW, wie im Sachunterricht[3], lässt sich die Unterrichtsreihe nur indirekt verorten.

Im Lehrplan NRW wird beschrieben: „Schülerinnen und Schüler erfolgreich zur Teilhabe und zur selbstbestimmten Gestaltung ihrer Zukunft zu befähigen, das ist der Auftrag der Schule" (Ministerium für Schule und Bildung des Landes Nordrhein-Westfalen, 2021a, S. 4). Wie bereits diskutiert, gehört eine Beschäftigung mit informatischen Themen zur Teilhabe an der Gesellschaft. Aufgrund dieser Diskrepanz wird der Lehrplan in weiteren Richtlinien ergänzt bzw. eine

---

[1] Siehe Abschnitt 2.2.1.

[2] Ähnliche implizite Deckungen treten auch im Rahmen der weiteren didaktischen Legitimationen auf. Diese werden in diesen Fällen nicht explizit genannt.

[3] Diese Untersuchungen wurden aufgrund des bereits thematisierten fächerübergreifenden Charakters der informatischen Bildung herausgestellt.

Form der Auseinandersetzung mit informatischen Themen gefordert, welche bis heute nicht in den Lehrplan integriert worden sind.

3.2.2 Medienkompetenzrahmen NRW

Der Medienkompetenzrahmen umfasst sechs Kompetenzbereiche, die in 24 Teilkompetenzen untergliedert sind. Diese geben Kompetenzziele von der Primarstufe bis zum Ende der Pflichtschulzeit an (Ministerium für Schule und Bildung des Landes Nordrhein-Westfalen, 2021b, GB02).

Die Unterrichtseinheit ist im Kompetenzbereich *Problemlösen und Modellieren* einzuordnen. Die Teilkompetenz *Prinzipien der digitalen Welt* (Medienberatung NRW, 2016) beinhaltet die Anforderung, dass sich SuS mit grundlegenden Prinzipien der digitalen Welt auseinandersetzen (Medienberatung NRW, 2016). Dies ist in der Auseinandersetzung mit den Techniken der Kryptologie wiederzufinden. Auch die Teilkompetenz *Algorithmen erkennen* (Medienberatung NRW, 2016), bei welchem die SuS „algorithmische Muster und Strukturen in verschiedenen Kontexten erkennen, nachvollziehen und reflektieren" (Medienberatung NRW, 2016) sollen, wird durch diese Auseinandersetzung gefördert.

3.2.3 Gesellschaft für Informatik: Kompetenzen für informatische Bildung im Primarbereich

Laut der *Gesellschaft für Informatik* (GfI) ist die Zielsetzung informatischer Bildung in der Grundschule, „die Schülerinnen und Schüler zu befähigen, in gegenwärtigen und zukünftigen Lebenssituationen urteilsfähig sowie handlungs- und gestaltungsfähig zu werden" (Best et al., 2019, S. 2). Die *GfI* hat die Kompetenzen „anschlussfähig vom Primarbereich bis zu den Sekundarstufen formuliert" (Best et al., 2019, S. VI).

Es werden von der *GfI* jeweils fünf Prozessbereiche und Inhaltsbereiche unterschieden, womit „deutlich [wird], dass in einem guten Informatikunterricht vielfältige Kompetenzen erworben werden" (Best et al., 2019, S. 7).

In der Unterrichtsreihe werden alle Prozessbereiche angesprochen. Im Bereich *Modellieren und Implementieren* sollen die SuS lernen, eine Aufgabenstellung aus der Lebenswelt mit Hilfe informatischer Werkzeuge zu lösen (Best et al., 2019, S. 8). Dies geschieht in der entwickelten Unterrichtsreihe durch die lebensweltliche Auseinandersetzung mit Problemen der Kryptologie und dem Anwenden der Verschlüsselungsalgorithmen. *Begründen und Bewerten* meint, dass die SuS

Algorithmen auf unterschiedlichen Ebenen erklären sollen und dabei zunehmend
Fachsprache anwenden sollen (Best et al., 2019, S. 8). Dies passiert in der Unterrichtsreihe durch die mündliche und schriftliche Auseinandersetzung mit den
Algorithmen und der Nutzung des Wortspeichers. Im prozessbezogenen Kompetenzbereich *Strukturieren und Vernetzen* sollen die SuS „informatische Prinzipien
zum Strukturieren von Sachverhalten" (Best et al., 2019, S. 8) anwenden. Dies
wird während der Unterrichtsreihe durch die Codierungen bzw. Decodierungen
realisiert. Der Bereich *Kommunizieren und Kooperieren*, in welchem sich die
SuS über eigenes Denken und Handeln austauschen sollen und gemeinsam an
informatischen Problemen arbeiten sollen (Best et al., 2019, S. 9), wird durch
die häufigen Partner:innenarbeits- und Plenumsphasen abgedeckt. Der letzte Pro-
zessbereich *Darstellen und Interpretieren* umfasst, dass SuS ihre Denkprozesse
und Vorgehensweisen auf mündlichem oder schriftlichem Wege nachvollziehbar
darstellen sollen (Best et al., 2019, S. 9). Auch dieser Bereich wird durch die
Plenumsphasen und die Aufgabe, dass die SuS ihr Vorgehen schriftlich festhalten
sollen, angesprochen.

Die Unterrichtsreihe kann zudem mehreren Kompetenzbereichen zugeordnet
werden. Zum Beispiel lässt sie sich im Bereich *Information und Daten* verorten.
Dort sind unter anderem Kompetenzanforderungen nach der zweiten Klasse formuliert[4]: SuS „interpretieren Daten, um Informationen zu gewinnen" (Best et al.,
2019, S. 13) und „geben an, dass Vereinbarungen notwendig sind, um Daten
zu codieren und zu decodieren" (Best et al., 2019, S. 13). Nach Klasse 4 sind
die Anforderungen: SuS „nutzen und entwickeln Vereinbarungen, um Daten zu
verschlüsseln und entschlüsseln" (Best et al., 2019, S. 13). Beide Kompetenzen
werden in der Unterrichtsreihe durch das Erlernen von Verschlüsselungsmethoden gefördert. Weiter lässt sich die Unterrichtseinheit dem Bereich *Algorithmen*
zuordnen, der präzise Handlungsvorschriften und Ablaufbeschreibungen umfasst
(Best et al., 2019, S. 13). Hier ist die Kompetenzerwartung am Ende der Klasse
2 unter anderem: SuS „führen Algorithmen in ihrer Alltagswelt aus" (Best et al.,
2019, S. 13) und „beschreiben Algorithmen alltagssprachlich" (Best et al., 2019,
S. 13), was durch die Beschreibung von Verschlüsselungsmethoden angeregt
wird. Außerdem ist die Reihe im Bereich *Informatik, Mensch und Gesellschaft*
zu verorten, da die SuS Ende der Klasse 2 „erläutern [können sollen], dass ihre
Lebenswelt von Informatik durchdrungen ist" (Best et al., 2019, S. 16), was vor

---

[4] Da die SuS informatische Bildung in der Schule bisher noch nicht thematisiert haben, haben
die Kinder grundlegenden Kompetenzen informatischer Bildung noch nicht ausgebildet.
Demnach sind auch diese elementaren Kompetenzanforderungen relevant.

allem durch die informatische Rahmung des Themas gefördert wird. Zudem sollen sie „Maßnahmen [nennen], um Daten vor ungewolltem Zugriff zu schützen"[5] (Best et al., 2019, S. 16).

3.2.4 Kultusministerkonferenz: Bildung in der digitalen Welt

Die Kultusministerkonferenz (KMK) sieht als ihre Aufgabe, „konkrete Anforderungen für eine schulische ‚Bildung in der digitalen Welt' zu präzisieren bzw. zu erweitern" (Kultusministerkonferenz, 2016, S. 11). Dazu sollen verbindliche Anforderungen formuliert werden, über welche Kenntnisse, Kompetenzen und Fähigkeiten Schülerinnen und Schüler am Ende ihrer Pflichtschulzeit verfügen sollen. Gleiches gilt für „bewährte Konzepte informatischer Bildung" (Kultusministerkonferenz, 2016, S. 11). Ziel ist es, dass die Kinder zu einem mündigen Leben in der digitalisierten Welt befähigt werden. Da Digitalisierung laut KMK alle Lebensbereiche und Altersstufen umfasst, sind diese Anforderungen bereits für SuS in der Grundschule gültig (Kultusministerkonferenz, 2016, S. 11).

Die von der KMK formulierten *Kompetenzen in der digitalen Welt* umfassen sechs Kompetenzbereiche für die gesamte Pflichtschulzeit (Kultusministerkonferenz, 2016, S. 16).

Die Unterrichtseinheit lässt sich vor allem im Bereich *Problemlösen und Handeln* einordnen, da die Unterrichtseinheit informatische Problemlösekompetenzen schult. Unter dem Punkt *Algorithmen erkennen und formulieren* (Kultusministerkonferenz, 2016, S. 17) findet sich die Kompetenz *Funktionsweisen und grundlegende Prinzipien der digitalen Welt kennen und verstehen* (Kultusministerkonferenz, 2016, S. 18) wieder. Ein Bestandteil davon ist das Erlernen von Verschlüsselungstechniken.

---

[5] Diese Kompetenz kann mit Hilfe der Unterrichtsreihe lediglich durch das Nennen der gelernten Verschlüsselungsmethoden abgedeckt werden. Die Verschlüsselung von z. B. Computerdaten, die zum Datenschutz im engeren Sinne gehört, wird in der Reihe nicht thematisiert.

3.3   Design, Durchführung und Reflexion der Unterrichtsstunden

3.3.1   Methode: Fachdidaktische Entwicklungsforschung

Zur Unterrichtsentwicklung wurde die Methode der fachdidaktischen Entwicklungsforschung angewendet. Zentraler Anspruch ist hierbei, die Pole *Forschung* und *Entwicklung* zusammenzubringen (Prediger & Link, 2012, S. 29).

> „Fachdidaktiken sollten ihrer Verantwortung für die Weiterentwicklung des Unterrichts gerecht werden, daher ist die Entwicklungsarbeit als wichtiger Teil der Wissenschaft zu betrachten. Eine fundierte Entwicklungsarbeit kommt dabei nicht ohne Forschung aus, denn sie basiert auf einer stetig weiter auszudifferenzierenden Theorie und auf stets auszuweitenden empirischen Erkenntnissen über die initiierten Lehr-Lern-Prozesse". (Prediger & Link, 2012, S. 29)

Die Wichtigkeit der Verzahnung dieser beiden Bereiche stellen *Hußmann et al.* heraus: In der fachdidaktischen Entwicklungsarbeit ist das Ziel, die Unterrichtspraxis zu innovieren. Hierbei wird zumeist intuitiv ohne Rückbezug auf Forschung gearbeitet, so die Autor:innen (Hußmann et al., 2013, S. 25). Im Kontrast dazu bezieht sich Unterrichtsdesign auf Theorien, die aus der Empirie hervorgegangen sind (Hußmann et al., 2013, S. 26). „Eine entwicklungsorientierte Grundlagenforschung kommt daher nicht ohne Praxis aus, da die entstehenden Theorien nur dann relevant sind, wenn sie auf (realistischen) empirischen Erkenntnissen über die initiierten Lehr-Lernprozesse fußen" (Hußmann et al., 2013, S. 26). Erst durch die Verknüpfung, so *Hußmann et al.*, seien die Zugänge maximal gewinnbringend (Hußmann et al., 2013, S. 26).

Prediger und Link nennen folgende Charakteristika der fachdidaktischen Entwicklungsforschung:

(1) Die Nutzen- und Theorieorientierung steht im Mittelpunkt: „Durch die Verschränkung von Forschung und Entwicklung bekennt sich die fachdidaktische Entwicklungsforschung ausdrücklich zu ihrer (Mit-)Verantwortung für die Weiterentwicklung des real praktizierten Unterrichts und stellt sich den gesellschaftlichen Ansprüchen auf in der Praxis nutzbare Erzeugnisse wissenschaftlicher Arbeit" (Prediger & Link, 2012, S. 37).

(2) Es entstehen Produkte, die hinsichtlich der Nützlichkeit für Lernprozesse empirisch erprobt werden. Neben dem Forschungsinteresse ist also auch das Interesse der Möglichkeit der Unterrichtsnutzung zentral (Prediger & Link, 2012, S. 37). „Durch den Einbezug der Zweckgebundenheit und Nutzenorientierung ihrer Erzeugnisse lässt sich fachdidaktische Entwicklungsforschung als Forschung

in der Tradition der angewandten Wissenschaften charakterisieren" (Prediger & Link, 2012, S. 37). Somit hat die fachdidaktische Entwicklungsforschung zwei Perspektiven: sie ist *theoriebasiert* und *theorieentwickelnd* (Prediger & Link, 2012, S. 38).

3.3.2 Vorstellung der Klasse und der Lernvoraussetzungen der SuS

Die Unterrichtseinheit wurde in einer vierten Klasse einer Grundschule in einem Stadtteil von Münster durchgeführt. Die Klasse wird von 26 Kindern besucht, von welchen zehn Deutsch als Zweitsprache gelernt haben. Von diesen SuS hat ein Kind keine Einverständniserklärung eingereicht. Das Kind hat an der Unterrichtseinheit teilgenommen, wurde aber in der Auswertung nicht einbezogen.

Im schulischen Kontext haben die Kinder bisher keine konkrete Berührung mit informatischer Bildung gehabt. Aus dem informatischen Kontext herausgelöst, haben die Kinder im Mathematikunterricht erste Erfahrungen mit der Runenschrift als Transpositionschiffre gemacht[6]. Schwierigkeiten gab es hier – nach Aussage der LP – vor allem im Umgang mit Zeichen, die das Runenalphabet nicht abdeckt, wie zum Beispiel mit Umlauten oder den Buchstaben x und q[7].

Infolgedessen wurde die hier untersuchte Unterrichtsreihe so geplant, dass sie ohne Vorkenntnisse der SuS durchgeführt werden kann.

3.3.3 Entwicklung der Unterrichtseinheit

Die Unterrichtsstunden sind auf Basis der Materialien des Moduls *Einführung Kryptologie* des Projektes *IaG* entwickelt worden. Der Praktikabilität und der klassenspezifischen Umsetzung wegen wurde die Reihe gekürzt und überarbeitet.

---

[6] Die Auseinandersetzung damit beschränkte sich laut LP auf die Bearbeitung einer Seite im Mathematikbuch *Flex und Flo 4* des Westermann-Verlages. Weitere Informationen: https://www.westermann.de/artikel/978-3-425-13570-0/Flex-und-Flo-Ausgabe-2014-The menhefte-4-Paket (zuletzt aufgerufen 12.01.2022).

[7] x wird in diesem Fall als *ks* chiffriert; q als *kw*.

„Das vorliegende Modul versteht sich als Planungshilfe für Ihren Unterricht. Dies bedeutet, es steht Ihnen frei, qualitativ und quantitativ zu differenzieren, um die Lerninhalte und den Verlauf des Unterrichts den Bedürfnissen Ihrer Lerngruppe anzupassen." (Fricke & Humbert, 2019, KR19)

Viele Arbeitsblätter und Designvorschläge wurden übernommen, auf einige Stunden wurde aus praktischen Gründen verzichtet und es wurden – vor allem zwecks Datenerhebung – neue Arbeitsblätter entworfen. Auch die vorgestellten Lernziele wurden von *IaG* übernommen. Die so entstandene Unterrichtsreihe besteht aus einer Einführungsstunde, drei Hauptstunden und einer Abschlussstunde. Die Unterrichtsreihe enthält die Aspekte Steganographie, Codierung und Transposition (Fricke & Humbert, 2019, KR09 ff.), welche jeweils in einer Hauptstunde thematisiert werden. Die Substitution als weitere Chiffrierungsmethode wurde ausgeklammert, jedoch mit Hilfe der Caesar-Chiffre im Rahmen der Interviews behandelt[8]. Im Rahmen des „adressatengerechten Einsatzes von Fachsprache" (Fricke & Humbert, 2019, KR19) wurden auch Fachbegriffe in der Unterrichtsreihe vereinfacht. Das Wort *Code* wurde nicht eingeführt und tendenziell aus der Alltagssprache bekannte Begriffe wie *verschlüsseln* für *codieren*, *entschlüsseln* für *decodieren* und *Schlüsseltabelle* für *Codetabelle* verwendet, um die Unterrichtseinheit für die SuS greifbarer zu gestalten. Andere Fachbegriffe, wie *Algorithmus*, wurden ausgeklammert. Begründung hierfür ist die sprachliche Vereinfachung der Unterrichtsreihe, welche gerade mit Blick auf die Vielzahl an Kindern, die Deutsch als Zweitsprache gelernt haben, sinnvoll erschien.

3.3.4   Einzelne Unterrichtsstunden[9]

Im Folgenden werden je Unterrichtsstunde die Lernziele, das Unterrichtsdesign[10] und die Durchführung skizziert. Abschließend wird zur Reflexion der Unterrichtsstunde im Sinne der fachdidaktischen Entwicklungsforschung übergegangen.

---

[8] Siehe Abschnitt 4.2.

[9] Unterrichtsverlaufspläne siehe Anhang 1.1 im elektronischen Zusatzmaterial.

[10] Lernziele und Unterrichtsdesign wurden eng im Zusammenhang mit der Unterrichtsreihe von Informatik an Grundschulen entwickelt bzw. übernommen. Weitere Informationen: Handreichung für LP: https://www.schulministerium.nrw/sites/default/files/documents/Handreichung-fuer-Lehrkraefte.pdf (zuletzt aufgerufen 12.01.2022); Unterrichtsmaterialien: https://www.schulministerium.nrw/sites/default/files/documents/Informatik_an_Grundschulen-Materialien.pdf (zuletzt aufgerufen 12.01.2022).

3.3.4.1 Einführungsstunde: Einstieg: Informatik in der Lebenswirklichkeit – Aktivierung

3.3.4.1.1 Lernziele Einführungsstunde

Lernziele der Einführungsstunde sind das Erlernen der Wahrnehmung von Informatik und die Aktivierung des Vorwissens der Kinder. Detaillierter werden folgende Ziele und Kompetenzen verfolgt: Die SuS sollen Grundvorstellungen zu verborgenen, informatischen Prozessen entwickeln, automatische Prozesse in ihrer Umwelt erkennen, mit eigenen Worten informatische Prozesse in ihrem Alltag beschreiben und Prozesse beschreiben, die mit Informatiksystemen gestaltet werden.

3.3.4.1.2 Design Einführungsstunde

Zunächst werden von den SuS die Standortbestimmungen ausgefüllt, wobei die LP lediglich Verständnisfragen beantwortet, um die Standortbestimmung möglichst wenig zu beeinflussen. Dafür werden 15 Minuten einkalkuliert. Im Anschluss ist der Einstieg im Plenum geplant. Dabei wird das Vorwissen aktiviert, indem verschiedene Bilder aus dem Supermarkt an die Tafel geheftet werden. Diese zeigen eine Scannerkasse, eine elektronische Waage, ein Kartenlesegerät und automatische Türen. Der Arbeitsauftrag lautet: *Was haben die Sachen auf den Bildern gemeinsam?* Danach folgt eine Erläuterung der LP zu informatischen Prozessen. Zunächst werden die Kinder nach Vorwissen dazu befragt. Danach wird erläutert, dass informatische Prozesse im Hintergrund von Technik ablaufen. Die Wortkarten *Informatik* bzw. *informatische Prozesse* werden dabei dem Wortspeicher angefügt. Im Anschluss folgt eine Partner:innenarbeitsphase. Dabei teilen sich die Kinder in Zweier- bzw. Dreiergruppen auf und bearbeiten die Aufgabenstellung: *Was sind informatische Prozesse, die du kennst?* Die Zeittransparenz wird dabei mit Hilfe einer Uhr gestaltet. In der danach folgenden Phase werden die Ergebnisse an der Tafel in Form eines Clusters gesammelt. Zum Abschluss der Stunde wird von der LP anhand eines Plakates erläutert, dass für den Ablauf von informatischen Prozessen Daten ausgetauscht und verarbeitet werden müssen. Aufgrund der Komplexität soll dies von einzelnen Kindern in eigenen Worten wiederholt werden. Währenddessen soll den SuS transparent gemacht werden, dass sich die Unterrichtsreihe mit dem Themenfeld des Austausches beschäftigt.

3.3.4.1.3 Durchführung Einführungsstunde

Die Durchführung konnte nah am Design erfolgen. Das Ausfüllen der Standortbestimmung hat dabei etwa die vorgegebene Zeit in Anspruch genommen. Die Kinder, die fertig waren, wurden in die Pause geschickt, sodass jedes Kind die

Standortbestimmung in Ruhe und in der persönlichen Geschwindigkeit bearbeiten konnte.

Als Einstieg wurden die Bildkarten von den Kindern beschrieben. Dabei wurde der Zusammenhang, dass alle Bilder Technik im weitesten Sinne zeigen, herausgearbeitet. Zur Vorstellung der Begriffe *informatische Prozesse* und *Informatik* wurden diese zunächst von der LP erklärt und dann von den Kindern in vereinfachter Form wiederholt. Die Arbeitsphase zur Fragestellung *Was sind informatische Prozesse, die du kennst?* wurde vor Ablauf der Zeit beendet, da vielen Kindern die Begrifflichkeit nicht deutlich geworden ist und sie zu abstrakt war, um sie zu fassen. Es wurde zur Besprechung im Plenum übergegangen. Dabei wurden an der Tafel mehrere Gegenstände, die die Kinder mit informatischen Prozessen in Verbindung gebracht haben, gesammelt (siehe Abbildung 3.1).

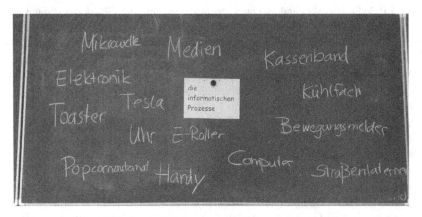

Abbildung 3.1 Tafelbild Einführungsstunde

Nachdem die Sammlung an der Tafel stattgefunden hat, wurde der Satz *Für den Ablauf von informatischen Prozessen müssen Daten ausgetauscht und verarbeitet werden* besprochen. Er wurde dazu auf einem Plakat visualisiert und von einem Kind im Plenum vorgelesen. Einige Kinder haben den Satz treffend und anschaulich in ihre eigenen Worte gefasst und dies mit der Klasse geteilt. Danach wurde deutlich gemacht, dass sich im Folgenden mit dem Austausch der Daten beschäftigt wird.

Zeitlich hat die Unterrichtsstunde etwa 40 Minuten in Anspruch genommen, da eine Aktivität – wie beschrieben – abgebrochen werden musste. Die Durchführung der anderen Unterrichtsaktivitäten wurde wie geplant realisiert. Ein Kind hat im Unterricht gefehlt.

3.3.4.1.4 Reflexion Einführungsstunde

Im Gesamten war die Einführungsstunde sehr komplex für die SuS. Viele Kinder, vor allem solche, die Deutsch als Zweitsprache erlernt haben, konnten dem Unterricht nicht folgen[11]. Zudem war die Unterrichtseinheit fast nur als Frontalunterricht geplant. Aus dem vorzeitigen Abbruch der Gruppenarbeit resultierte ebenfalls der frontale Charakter. Da der Anteil der eigenen Arbeit der Kinder wegen des Abbruchs der Gruppenarbeit gering war, breitete sich Unruhe in der Klasse aus. Es entstand der Eindruck, dass viele Kinder der Klasse nicht viel in der Unterrichtseinheit gelernt haben[12].

Eine mögliche Überarbeitung der Unterrichtseinheit bestünde darin, das Verständnis der SuS noch stärker durch Visualisierungen und Bilder zu unterstützen. Schwierigkeit ist hierbei, dass informatische Prozesse ein abstraktes Konstrukt sind, welche nicht direkt abgebildet werden können. Auch das Näherbringen der informatischen Prozesse durch einen Beispielprozess hätte vermutlich zum Verständnis beigetragen.

Eine weitere sinnvolle Maßnahme wäre die Einführung unterschiedlicher Sozialformen. Es würde sich zum Beispiel eine Einzelarbeitsphase anbieten, in der den Kindern Hintergrundinformationen zu informatischen Prozessen mittels eines Textes vermittelt werden.

Zudem wurde deutlich, dass die Gruppen-/Partner:innenbildung einen großen Unruhefaktor darstellt. Das ist vor allem auf die vielen Einzeltische im Klassenraum zurückzuführen, sodass viele Kinder keine:n direkte:n Sitznachbar:in hatten. Auf diese Erkenntnis wurde in der nächsten Stunde durch vorheriges Festlegen der Gruppen reagiert.

---

[11] Mutmaßlich waren hier die komplexen Begriffe und der komplexe informatische Hintergrund problematisch.

[12] Das wurde zu Beginn der folgenden Stunde deutlich, als die Wörter aus dem Wortspeicher wiederholt werden sollten. Hier konnten sich nur wenige Kinder beteiligen.

3.3.4.2 1. Stunde: Steganographie – Nachrichten verbergen[13]
3.3.4.2.1 Lernziele 1. Stunde

Lernziel der ersten Stunde ist das Erproben und Beurteilen des Verbergens von Nachrichten. Dabei sollen die SuS lernen, dass Nachrichten verborgen werden können, um sie vor Zugriffen anderer zu schützen, welche Möglichkeiten des Verbergens im Alltag anwendbar sind und dass Nachrichten nur so lange verborgen sind, wie der:die Angreifer:in[14] die Art des Verbergens nicht bekannt ist[15].

3.3.4.2.2 Design 1. Stunde

Die Stunde beginnt mit einer Plenumsphase, in welcher eine Rekapitulation der vorhergehenden Stunde anhand der Wörter im Wortspeicher stattfindet. Im Anschluss wird *Brief 1* vorgelesen, welchen den Kindern bereits aus der Anfangsstandortbestimmung bekannt ist. Zeitgleich werden die Protagonist:innen Alice, Bob und Eve eingeführt. Dies geschieht anhand von Bildern zur Visualisierung. Die nächste Phase wird in Partner:innenarbeit umgesetzt. Dafür wird zunächst im Plenum das *AB*[16] *Wie kann man eine Nachricht verbergen?* vorgestellt und die Methode *Think-Pair-Share* besprochen[17]. Während der anschließenden Arbeitsphase sollen die Kinder das AB bearbeiten, wofür 25 Minuten eingeplant sind. Dabei sind für die ersten beiden Phasen jeweils fünf Minuten eingeplant. Im Anschluss folgt eine Plenumsphase, bei welcher die erarbeiteten Ideen in einem Cluster an der Tafel gesammelt werden. Dies geschieht durch drei Fragen:

---

[13] Erklärung Verbergen: „Die geheime Nachricht wird hierbei nicht codiert oder verschlüsselt, sondern es wird verborgen, dass die Nachricht überhaupt existiert […]. Beim Verbergen geht es […] darum, die Nachricht vor Zugriff zu schützen, indem sie nicht mehr sichtbar ist. Daher besteht – und bestand historisch anfänglich – keine Notwendigkeit der Codierung oder Verschlüsselung." (Fricke & Humbert, 2019, KR09).

[14] Als Angreifer:in wird die Person bezeichnet, die versucht, die Nachricht zu entdecken. Siehe auch Fricke und Humbert (2019).

[15] Im originalen Unterrichtsentwurf wird als weitere Kompetenz angegeben, dass die SuS die Wörter *verstecken* und *verbergen* voneinander abgrenzen können. Der Einfachheit halber wurde auf diese scharfe Abgrenzung verzichtet und die Wörter synonym verwendet (Fricke & Humbert, 2019, KR18).

[16] AB steht hier als Abkürzung für *Arbeitsblatt*.

[17] „Die Methode Think-Pair-Share ist ein Verfahren des kooperativen Lernens und beschreibt eine grundlegende Vorgehensweise, die in drei verschiedene Phasen gegliedert ist" (Bundeszentrale für politische Bildung, 2012).

(1) *Was ist deine Idee?*
(2) *Was ist gut an der Idee?*
(3) *Wo könnte es Probleme geben?*

Die letzten beiden Fragen werden an der Tafel mit Hilfe eines Plus- und eines Minuszeichens visualisiert. Danach folgt eine weitere Partner:innenarbeitsphase. Dazu werden verborgene Nachrichten verteilt, bei welchen die Kinder die jeweilige Verbergungsmethode eruieren sollen. Die Nachrichten wurden mittels Geheimstiften, Tintenkillern, OHP-Marker und Knetkugeln verborgen[18]. Im Anschluss sollen die SuS notieren, wie sie ihren Mitschüler:innen die Verbergungsmethode erklären werden. Im Anschluss werden im Plenum die verschiedenen Verbergungsarten durch die SuS vorgestellt. Zum Abschluss der Stunde wird *Brief 2* vorgelesen, wobei die Konklusion das Problem darstellt, dass der Inhalt der Nachricht durch das Finden dieser direkt bekannt ist. Den Kindern wird darauf aufbauend eine Hausaufgabe gegeben: *Macht euch Gedanken dazu, wie eine Nachricht besser geschützt werden kann.*

Bereits im Vorfeld wurde entschieden, dass im Kontrast zur originalen Unterrichtsreihe die Wörter *verbergen* und *verstecken* synonym verwendet werden[19]. Da diese Wörter im Alltagsverständnis der SuS bekannt sind, wurden sie nicht gesondert eingeführt.

3.3.4.2.3 Durchführung 1. Stunde

Die Durchführung startete mit einer Rekapitulation der Einführungsstunde anhand der vorhandenen Begriffe im Wortspeicher. Wie bereits beschrieben, konnten sich dabei wenige Kinder beteiligen, sodass die Begriffe wiederholt von der LP erneut definiert worden sind.

Brief 1, der den Kindern aus der Standortbestimmung bereits bekannt war, wurde im Anschluss vorgelesen und die Protagonist:innen mit Hilfe von Bildern an der Tafel vorgestellt. Der Brief wurde als Hinführung zum Bearbeiten des Arbeitsblattes genutzt, das nach dem Think-Pair-Share-Prinzip strukturiert wurde. Für diese Phasen wurden jeweils fünf Minuten eingeplant, die auf der Uhr zur Zeittransparenz eingestellt worden sind. Die meisten Kinder haben sich an diese Zeiten sehr korrekt gehalten, sodass eine der Phase entsprechende Lernatmosphäre herrschen konnte. Die Ergebnisse wurden in Phase 3 an der Tafel gesammelt (siehe Abbildung 3.2).

---

[18] Weitere Informationen: siehe Fricke und Humbert (2019, KR30).

[19] Legitimation für diese redundante Nutzung: siehe Fricke und Humbert (2019, KR18).

Abbildung 3.2 Wie kann
man eine Nachricht
verbergen? – Cluster

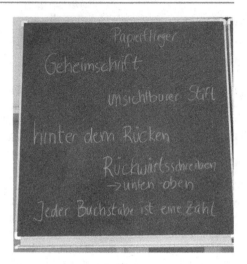

Zur Evaluation der Ergebnisse wurden mit einem an der Tafel visualisierten Dreischritt *Was ist deine Idee? – Was ist gut an der Idee? – Wo könnte
es Probleme geben?* gearbeitet. Hierzu wurde eine Meldekette genutzt. Dieser
Teil des Unterrichts war gewinnbringend und geschah in einer konzentrierten
Lernatmosphäre.

Die darauffolgende Einteilung in Kleingruppen erfolgte problemlos, wobei die
Gruppeneinteilung zuvor auf der Tafel visualisiert wurde. Auch der Arbeitsauf-
trag war dort dokumentiert. Die verschiedenen Verbergungsmethoden wurden im
Vorhinein vorbereitet und von den SuS entdeckend erforscht.

Nach einer etwa zwölfminütigen Arbeitsphase haben die Kinder die ver-
schiedenen Arten der Verbergung der Klasse vorgestellt. Die SuS folgten den
Ausführungen aufmerksam. Zum Abschluss der Stunde wurden *Brief 2* und die
Hausaufgabe vorgelesen, sich über sicherere Techniken zur Verbergung bzw.
Verschlüsselung Gedanken zu machen.

Die Durchführung hat insgesamt etwa 55 Minuten in Anspruch genommen.
Damit hat sie etwas kürzer gedauert als geplant, was vor allem mit der Vorstellung
der Ideen zur Verbergung zu erklären ist, welche unerwartet wenig Zeit erfordert
hat. Vier Kinder haben nicht an der Unterrichtseinheit teilgenommen.

3.3.4.2.4 Reflexion 1. Stunde

Die Durchführung der Stunde hat reibungslos funktioniert. Mutmaßlich haben die Prägung durch entdeckendes Lernen, die enaktive Gestaltung und die Rahmengeschichte die Kinder zur Problemlösung motiviert. Gerade durch die enaktive Phase waren die Kinder sehr motiviert und bereit zur Mitarbeit.

Problematisch war das Verständnis des Arbeitsauftrages der enaktiven Phase. Es sind viele Nachfragen gestellt worden, die sich vor allem auf den zweiten Teil, des Erklärens der Methode, bezogen. Sinnvoll wäre es hier, ein Arbeitsblatt zu entwerfen, auf welchem die Kinder nach dem Durchführen der entdeckenden Phase dazu angeleitet werden, die Methode zu erklären.

Die Hilfekarten wurden kaum genutzt. Das kann dadurch erklärt werden, dass die SuS die Arbeit damit nicht gewohnt sind. Lediglich zwei Gruppen haben sich diese angeschaut. Um die Hilfekarten gewinnbringender einzusetzen, wäre eine detailliertere Einführung hilfreich gewesen.

Zudem sollte, wie von *IaG* vorgeschlagen, eine Einführung des Fachbegriffes *verbergen* bzw. *verstecken* stattfinden. Die erlernten steganografischen Methoden der Unterrichtsstunde konnten von den SuS im weiteren Verlauf nicht trennscharf von den kryptologischen Methoden abgegrenzt werden. Durch eine begriffliche Einordnung wäre die Verortung im Themenkomplex mutmaßlich intuitiver.

3.3.4.3 2. Stunde: Codierung – Freimaurerverschlüsselung[20]
3.3.4.3.1 Lernziele 2. Stunde

Das Lernziel der zweiten Doppelstunde ist das Anwenden und Beschreiben von Algorithmen und deren Teilschritten. Konkreter sollen die SuS die Kompetenz erwerben, gegebene Algorithmen zu erläutern – dies soll in der Beschreibung der Funktionsweise von Codierungstabellen geschehen. Zudem sollen die Kinder lernen, Codetabellen zur Codierung und Decodierung von Nachrichten zu verwenden.

---

[20] Erklärung Freimaurercode: „Die ersten Freimaurer [nutzten] ein besonderes Chiffriersystem, also eine Geheimschrift. Bei der sogenannten Freimaurer-Chiffre handelt es sich um eine mono-alphabetische Substitution, wenngleich die Buchstaben der Klarbotschaft nicht durch Buchstaben, sondern durch festgelegte Symbole ersetzt werden. Daher handelt es sich (auch) um eine Codierung, die aber immer wieder neu festgelegt werden kann. Die Grundlage für dieses Chiffrierverfahren beruht auf einem vereinbarten Code, welchen die Freimaurer an jedem Ort und zu jeder Zeit für die Dechiffrierung nutzen konnten. Die Grundlage dieser Chiffre bilden vier verschiedene Raster, die jeden Buchstaben des Alphabetes einer genauen Position zuordnen [diese Raster wurden in der Unterrichtseinheit nicht thematisiert; Anm. von J.K.]. Diese genaue Position ist durch die umgebenden Linien des Rasters und von eingefügten Punkten gekennzeichnet und damit eindeutig dem Buchstaben zuzuordnen." (Fricke & Humbert, 2019, KR11).

3.3.4.3.2 Design 2. Stunde

Zunächst wird das Vorwissen der SuS durch folgende Impulse aktiviert: *An was haben wir in der letzten Stunde gearbeitet? Welche Möglichkeiten habt ihr euch ausgedacht, um Nachrichten zu verbergen?* Die LP stellt darauffolgend im Plenum *Brief 3* vor. Der zu entschlüsselnde Code – die Nachricht von Protagonistin Alice – steht an der Tafel. Die Begriffe entschlüsseln bzw. verschlüsseln und Schlüsseltabelle werden danach dem Wortspeicher angefügt. Mit Hilfe eines Overheadprojektors (OHP) wird den SuS die Schlüsseltabelle des Freimaurercodes gezeigt und erläutert. Dabei wird der Fokus vor allem auf den Umgang mit Umlauten gelegt. Die SuS sollen die Nachricht von Alice entschlüsseln und mittels der Kontrolllösung hinter der Tafel überprüfen. Dafür sind fünf Minuten eingeplant.

Danach wird im Plenum der Arbeitsauftrag besprochen und die Änderung des ABs erläutert[21]. Die Kinder sollen bei Bearbeitung des ABs ihre eigene Nachricht verschlüsseln und diese mit anderen zum Entschlüsseln austauschen. Im Anschluss folgt die Partner:innenarbeit. Die SuS verschlüsseln dabei ihre eigenen Nachrichten mittels Schlüsseltabelle des Runenalphabets. Zur Differenzierung können SuS weitere Verschlüsselungen auf Blanco-Blättern anfertigen. Für diese Phase sind 20–25 Minuten angedacht. Die nächste Phase umfasst eine Reflexion der Vor- und Nachteile der Freimaurerschrift im Plenum. Dafür wird eine Tabelle mit Plus- und Minuszeichen an der Tafel angefertigt. Die Stunde schließt mit einer Einzelarbeit, bei welcher das *AB Freimaurer* ausgefüllt werden soll. Dabei sollen die SuS den Algorithmus zur Arbeit mit der Schlüsseltabelle beschreiben.

3.3.4.3.3 Durchführung 2. Stunde

Die Durchführung der zweiten Doppelstunde verlief größtenteils wie geplant. Sie startete mit einer Wiederholung der vorherigen Stunde durch die SuS, bei welcher sich viele Kinder beteiligten. Die Hinführung zum Stundenthema erfolgte mit *Brief 3*. Auf Nachfrage, was nötig wäre, um den Text zu entschlüsseln, wurde von den SuS die Antwort *eine Anleitung* gegeben. Dies wurde genutzt, um die Überleitung zur Schlüsseltabelle aufzugreifen[22]. Diese wurde zunächst von einer Schülerin und der LP erklärt. Vor allem der Umgang mit den Umlauten bzw. dem Buchstaben *β* wurden gesondert erläutert[23]. Entgegen der Planung

---

[21] Diese umfasst aus praktischen Gründen, dass das AB nicht abgeschnitten, sondern lediglich geknickt werden soll. Auch hier ist der Klartext für die Kinder nicht mehr sichtbar.

[22] Diese wurde per OHP an die Wand projiziert. Dies war vor allem durch die Ausstattung der Schule bedingt. Eine Darstellung per Beamer würde sich ebenfalls eignen.

[23] Diese waren in der ursprünglichen Schlüsseltabelle nicht enthalten. Sie wurden händisch auf der OHP-Folie ergänzt.

haben die SuS die verschlüsselten Wörter mit der Codetabelle im Plenum statt in einer Einzelarbeit entschlüsselt. Erst danach wurden die drei Begriffe *entschlüsseln* bzw. *verschlüsseln* und *Schlüsseltabelle* dem Wortspeicher angefügt und von den Kindern erklärt. Problematisch war, wie bereits in der Einführungsstunde, die Einteilung in Gruppen. Bei der Planung wurde davon ausgegangen, dass die Einteilung der letzten Stunde entsprechen könnte. Durch die Nichtanwesenheit einiger SuS in der letzten Doppelstunde kam es hier zu Unruhe.

Die Arbeitsphase wurde produktiv genutzt. Die SuS haben innerhalb einer halben Stunde, länger als geplant, mehrere Nachrichten ver- und entschlüsselt. Danach wurden die Vor- und Nachteile der Methode per Meldekette an der Tafel gesammelt (siehe Abbildung 3.3).

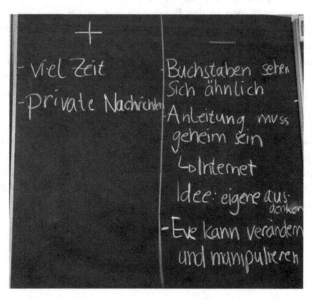

Abbildung 3.3 Pro-/Contraliste Freimaurercode

Bei der abschließenden Bearbeitung des *AB Freimaurer* ist einigen SuS die Aufgabenstellung nicht deutlich geworden[24].

---

[24] Dabei haben einige SuS vermutet, sie müssten eine eigene Geheimschrift entwickeln. Der Grund hierfür ist darin zu sehen, dass die Kinder während der Erklärung nicht dem Unterrichtsgeschehen folgten, da der Arbeitsauftrag sowohl besprochen wurde als auch auf dem Arbeitsblatt visualisiert war.

Die Durchführung der Unterrichtseinheit hat insgesamt 60 Minuten gedauert, was etwas kürzer als die geplante Zeit war. Das ist vor allem durch das Wegfallen der Beispielentschlüsselung und der darauffolgenden spontanen Umstrukturierung des Unterrichts zu erklären. Ein Kind war nicht anwesend.

3.3.4.3.4 Reflexion 2. Stunde

Die Durchführung der Unterrichtseinheit verlief größtenteils wie geplant.

Die Entschlüsselung des Beispieltextes, welche spontan im Plenum erfolgte, könnte mittels einer Überarbeitung dem Unterrichtsgeschehen an eben dieser Stelle beigefügt werden. Nach Einführung der Schlüsseltabelle haben sich die meisten Kinder intuitiv mit der Entschlüsselung des Textes beschäftigt, sodass die eigene Arbeitsphase dafür eliminierbar wäre.

Die theoretische Arbeit in den Plenumsphasen ist für die Kinder teilweise sehr abstrakt, was das Verständnis beeinträchtigt. Daraus folgten Unaufmerksamkeit und Störungen des Unterrichts. In Absprache mit der LP ist dabei eine längere Bearbeitungszeit und weniger theoretischer Input mutmaßlich gewinnbringender für die SuS. Eine Möglichkeit dies umzusetzen wäre im Sinne des aktiv-entdeckenden Lernens, dass die SuS selbstständig herausfinden sollen, wie mit der Codetabelle gearbeitet werden kann.

Bei der nächsten Durchführung wäre zudem das Austeilen eines Ausdruckes der Schlüsseltabellen hilfreich. Für einige Kinder war es problematisch, immer wieder zwischen der Wand, die der Overhead-Projektor angestrahlt hat, und dem Blatt zu wechseln. Des Weiteren haben sich einige SuS die Zeichen abgeschrieben, um sie nach der Unterrichtsstunde weiter nutzen zu können. Ein Arbeitsblatt mit der Schlüsseltabelle hätte diese potenzielle Ablenkung eliminiert.

3.3.4.4 3. Stunde: Transposition – Die Skytale[25]
3.3.4.4.1 Lernziele 3. Stunde

Das übergeordnete Lernziel der dritten Doppelstunde ist das Kennenlernen und Erproben eines Verfahrens zur Transposition und das Durchführen und Beschreiben von Algorithmen. Genauer sind die Ziele und zu erlernenden Kompetenzen folgende: Die SuS lernen das Verschlüsselungsverfahren der Transposition am Beispiel der Skytale kennen. Sie können dabei die einzelnen Schritte des Algorithmus zur Ver- und Entschlüsselung mit Skytalen beschreiben und anwenden.

3.3.4.4.2 Design 3. Stunde

Die dritte Stunde beginnt mit einer Aktivierung des Vorwissens. Dazu wird der Freimaurercode rekapituliert. Danach wird *Brief 4* und die *Geschichte der Skytale* vorgelesen. Dies dient zur Einführung in das Thema *Skytale*. Im Anschluss wird der Begriff *Skytale* in den Wortspeicher aufgenommen. Es folgt eine Partner:innenarbeit, bei welcher die LP die Skytalen und vorbereitete Nachrichten auf Papierstreifen austeilt. Der Arbeitsauftrag lautet: *Findet heraus, wie man Skytalen nutzt. Wie kann ich die Nachricht lesen?* Die SuS sollen also mittels entdeckenden Lernens das Themenfeld erschließen. In der danach folgenden Plenumsphase wird von einem Kind die Vorgehensweise zur Entschlüsselung mit der Skytale erläutert. Für die nächste Partner:innenarbeitsphase sind 20–25 Minuten angedacht. Dabei sollen die SuS den Umgang mit der Skytale erproben, indem sie Nachrichten verschlüsseln bzw. Nachrichten von Mitschüler:innen entschlüsseln. Als Hilfestellung können die SuS die Papierstreifen mithilfe von Kreppband an der Skytale fixieren. Im Nachhinein wird im Plenum die Bedeutung des Durchmessers besprochen. Die LP liest dabei eine Nachricht auf ihrer Skytale[26] vor und gibt die Nachricht im Anschluss einem Kind, welches sie noch einmal entschlüsseln soll. Dabei wird dem Kind bewusst, dass es die Nachricht nicht entschlüsseln

---

[25] Erklärung Skytale: „Die Skytale ist zunächst ein einfacher Holzstab. Zum Verschlüsseln wird ein schmaler Streifen Papier, Leder, Pergament oder Ähnliches um den Stab gewickelt wird. Die einzelnen Windungen des Streifens kommen nebeneinander zum Liegen [...]. Nun wird der Streifen auf der Skytale so beschriftet, dass die einzelnen Buchstaben der Klarschaft auf den nebeneinander liegenden Abschnitten des Streifens stehen. Wird nun der Streifen wieder abgerollt, entsteht daraus eine scheinbar willkürliche Buchstabenfolge – die Buchstaben verschieben sich in ihrer Reihenfolge und die Nachricht wird somit verschlüsselt. Das Auf- und Abwickeln auf einen Stab ist somit der Algorithmus. Nur mit einer Skytale mit dem gleichen Durchmesser kann die Geheimbotschaft durch erneutes Aufwickeln wieder in die Klarbotschaft entschlüsselt werden." (Fricke & Humbert, 2019, KR12).

[26] Die Skytale der LP hat einen breiteren Durchmesser als die Skytale der Kinder.

kann. Im Plenum soll dabei diskutiert werden, dass die Nachricht zum Durchmesser der Skytale passen muss. Dabei werden folgende Impulse gegeben: *Wieso
kann die Nachricht nicht entschlüsselt werden? Woran liegt es, dass die Nachricht
nicht auf beiden Skytalen lesbar ist?* Im Anschluss soll herausgestellt werden, dass
die Verschlüsselung mit der Skytale ein relativ sicheres Verschlüsselungsverfahren darstellt, da die Durchmesser der Stäbe identisch sein müssen. Zum Abschluss
wird von den SuS das *AB Skytale* ausgefüllt, um das Gelernte zusammenzufassen.
Dabei sollen die SuS den Algorithmus, welcher zur Ver- und Entschlüsselung mit
der Skytale verwendet wird, beschreiben.

3.3.4.4.3 Durchführung 3. Stunde

Bereits nach Vorlesen des Briefes und der Geschichte der Skytale meldete sich
ein Mädchen, dem die Funktionsweise der Skytale bereits aus einem Kinderbuch
bekannt ist. Sie hat sowohl erklärt wie Nachrichten mit Hilfe der Skytale ver- und
entschlüsselt werden können, als auch die Wichtigkeit des Durchmessers erläutert. Dennoch hatten einige Gruppen in der ersten Arbeitsphase Probleme, weil
sie den Papierstreifen übereinander statt nebeneinander gewickelt haben. Beim
Zusammentragen der Erfahrungen mit dem Entschlüsselungsverfahren wurde dieser Punkt noch einmal hervorgehoben. Die SuS waren sehr motiviert, Wörter
und Sätze in einer etwa 20-minütigen Arbeitsphase zu verschlüsseln und die
Nachrichten anderer Kinder zu entschlüsseln.

In *Abbildung 3.4* wird deutlich, dass einige Kinder auch mehrere Buchstaben bzw. ganze Wörter in eine Zeile geschrieben haben. Dies wurde im
Unterrichtsverlauf nicht thematisiert, da es die Funktionsweise der Skytale nicht
beeinträchtigt. Den einzelnen SuS wurde dennoch die ursprüngliche Schreibweise
empfohlen.

Der zweite Teil der Stunde konnte erst nach der Pause stattfinden. Dabei wurde
die Wichtigkeit des Durchmessers der Skytale erklärt. Die Stunde endete mit der
Beschreibung des Algorithmus.

Insgesamt nahm die Stunde 60 Minuten in Anspruch. Fünf Kinder nahmen
nicht teil.

3.3.4.4.4 Reflexion 3. Stunde

Die Durchführung der dritten Stunde lief reibungslos. Die SuS haben mit viel
Freude und Motivation den Umgang mit den Skytalen erprobt. Wie in der ersten Stunde waren die SuS durch die enaktive, explorative Herangehensweise
motiviert.

Es wäre für das Verständnis der Wichtigkeit des Durchmessers der Skytale
hilfreich gewesen, wenn die SuS dies selbst hätten ausprobieren können, so wie

Abbildung 3.4
Unterrichtsprodukte der
SuS, welche anhand von
Skytalen entstanden sind

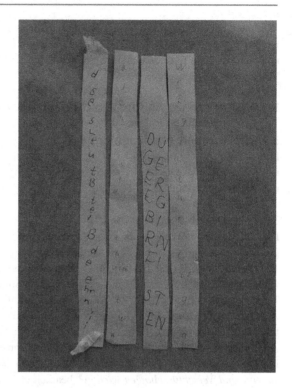

dies auch in der ursprünglichen Reihe angedacht worden war. Dies wurde verändert, da davon ausgegangen wurde, dass die SuS es im Plenum gewinnbringender besprechen könnten. Eine Möglichkeit wäre hier, den SuS von Beginn an verschieden dicke Skytalen zu geben, um den kognitiven Konflikt schon an diesem Punkt zu provozieren.

Auch die Beschreibung des Algorithmus hat einigen Kindern Schwierigkeiten bereitet. Hier wären Wortbausteine oder Formulierungshilfen zusätzlich zum Wortspeicher hilfreich gewesen, um die Kinder auf ihrem individuellen Niveau zu unterstützen. Diese könnten ebenfalls an die Tafel geheftet werden.

Als sehr hilfreich hat sich für viele Kinder der Umgang mit dem Kreppband herausgestellt, da der Papierstreifen somit an der Skytale fixiert werden konnte. Einige Gruppen haben das Problem anderweitig so gelöst, dass ein Kind den Papierstreifen festgehalten hat, aber die Umsetzbarkeit mit dem Kreppband war deutlich einfacher.

Zudem hat ein Kind, wie bereits erwähnt, Vorwissen bezüglich Skytalen in die Unterrichtsstunde eingebracht und dadurch einige Unterrichtsinhalte vorweggenommen. Es kann nur gemutmaßt werden, wie die Unterrichtsstunde ohne dieses Vorwissen verlaufen wäre.

3.3.4.5 Abschlussstunde: Verschlüsselung im Alltag – Messenger und Co

3.3.4.5.1 Lernziele Abschlussstunde

Lernziel der Abschlussstunde ist das Übertragen von Verschlüsselungsphänomenen auf den Alltag. Die Kinder sollten die Verbindung zwischen Verschlüsselung und Informatik erkunden.

3.3.4.5.2 Design Abschlussstunde

Die Stunde beginnt erneut mit einer Aktivierung des Wissens der Kinder. Das geschieht durch folgende Impulse: *Was haben wir über Verschlüsselungen gelernt? Wofür sind Verschlüsselungen wichtig?* Im Anschluss werden die Impulskarten zum Themenfeld Supermarkt, die aus der ersten Stunde bekannt sind, an die Tafel gehängt und durch das *AB Think-Pair* rekapituliert. Dabei sollen die SuS zunächst allein, dann mit der:dem Partner:in über die Verbindung der Bildkarten bzw. informatischen Prozesse und der Verschlüsselungen nachdenken. Im Anschluss werden die Ergebnisse aus der Partner:innenarbeitsphase im Plenum in einem Cluster an der Tafel gesammelt. Danach sollen die Kinder das *AB Warum sind Verschlüsselungen wichtig?* bearbeiten. Dabei lesen sie einen Text zum Thema Verschlüsselungen und sollen die Kernaussagen zusammenfassen. Die Stunde schließt mit der Bearbeitung der Abschlussstandortbestimmung, für die 15 Minuten angesetzt sind.

3.3.4.5.3 Durchführung Abschlussstunde

Nach einer Rekapitulation der gesamten Unterrichtsreihe, welche die Kinder sehr detailliert wiedergeben konnten, haben die SuS mit Hilfe eines Arbeitsblattes mit der Methode Think-Pair-Share über die Frage: *Was haben Verschlüsselungen mit den Bildern an der Tafel zu tun?* nachgedacht. Die Arbeitsphase verlief sehr ruhig und fast ohne Rückfragen.

Die Ergebnisse wurden an der Tafel in einem Cluster gesammelt (siehe Abbildung 3.5).

Anschließend haben die SuS das *AB Warum ist Verschlüsselung wichtig?* bearbeitet, in dem sowohl die Wichtigkeit der Verschlüsselung als auch der Transfer in den Alltag erläutert wurde. Als Überprüfung sollten die SuS bei *Aufgabe 2*

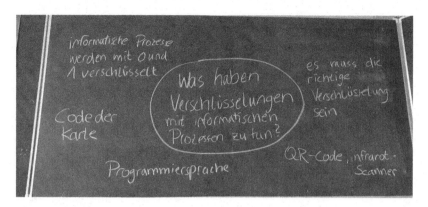

Abbildung 3.5 Cluster Zusammenhang Verschlüsselung und Informatik

kurz erklären, weshalb Verschlüsselung wichtig ist. Als sie fertig waren, haben die SuS die Abschlussstandortbestimmung ausgefüllt.

Die Stunde hat etwa 60 Minuten in Anspruch genommen. Davon wurden 15 Minuten durch die Standortbestimmung eingenommen. Es fehlten insgesamt sechs SuS.

3.3.4.5.4 Reflexion Abschlussstunde

Die Stunde lief ohne Schwierigkeiten ab und konnte größtenteils wie geplant durchgeführt werden. Die SuS haben sehr ruhig und motiviert gearbeitet. Die Menge der Arbeitsblätter, gerade zum Ende der Stunde, war sehr hoch, was mehrere Kinder anmerkten. In einer Durchführung ohne Standortbestimmung würde dieses Problem vermieden, da das letzte „Arbeitsblatt" wegfallen würde.

Problematisch war, dass einige SuS die Bildkarten an der Tafel nicht erkennen konnten. Dieses Problem wurde in dieser Unterrichtseinheit durch Wiederholen des Inhalts der Bildkarten eliminiert. Je nach Umsetzbarkeit wäre es sinnvoller, die Bildkarten per Beamer an die Wand zu projizieren. Diese Reflexion ist auch für den Umgang mit den Bildkarten in der Einführungsstunde von Bedeutung.

Untersuchung des Lernfortschrittes der SuS durch die Unterrichtsreihe

4

Um den Lernfortschritt der SuS und somit die Effektivität der Unterrichtsreihe einschätzen zu können, wurden empirisch Daten erhoben. Dazu wurden sowohl Standortbestimmungen als auch Interviews durchgeführt. Die Standortbestimmungen wurden dabei aufgrund des Prä-Post-Designs für die Einschätzung des Lernfortschrittes der SuS angewandt, die Interviews zur Ergänzung dessen bzw. zur Einschätzung der Nutzung informatischer Grundprozesse wie dem informatischen Modellierungskreislauf nach der Unterrichtsreihe.

Durch die willkürliche Auswahl der Klasse aufgrund von Zugänglichkeit[1], welche als *convenience sample* bezeichnet wird, sei schon an dieser Stelle darauf verwiesen, dass „die Verallgemeinerbarkeit der Befunde [...] hoch problematisch" (Kromrey et al., 2016, S. 267) ist. Demnach werden sich die anschließenden Untersuchungen lediglich auf den Lernfortschritt innerhalb der gegebenen Klasse beziehen.

---

[1] Diese bestand durch vorherigen Kontakt zur Klasse.

Ergänzende Information Die elektronische Version dieses Kapitels enthält Zusatzmaterial, auf das über folgenden Link zugegriffen werden kann https://doi.org/10.1007/978-3-658-39397-7_4.

J. H. Kerres, *Informatische Bildung im Mathematikunterricht der Grundschule*, BestMasters, https://doi.org/10.1007/978-3-658-39397-7_4

4.1   Anfangs- und Abschlussstandortbestimmungen

4.1.1   Methode: Standortbestimmungen

Der Begriff der Standortbestimmung wird unterschiedlich interpretiert[2]. Diese Arbeit orientiert sich an der Definition von *Voßmeier* (2012): Standortbestimmungen werden nach ihrer Deutung als „systematische Feststellung der Lernstände der Kinder bzgl. eines bestimmten Themas zu zentralen Zeitpunkten des Lernprozesses durch geeignete Aufgaben" (Voßmeier, 2012, S. 105) verstanden. Sie wird „primär eingesetzt, um sich über die individuellen mathematischen Kompetenzen der eigenen Schülerinnen und Schüler vor oder nach der Behandlung eines bestimmten Rahmenthemas zu informieren" (Hußmann & Selter, 2007, S. 13). Wichtig ist dabei, dass es nicht um ein Vergleichen der Kinder bzw. der Klasse geht, sondern darum, „die Entwicklung der Schülerinnen und Schüler zu verstehen [...] [Dies] ist dabei viel wichtiger, als den momentanen Leistungsstand zu erfassen" (Röthlisberger, 2001, S. 23).

> „Standortbestimmungen sind keine Tests [...] und dienen nicht (vorrangig) zur Leistungsbewertung und zur Generierung von Ziffernnoten, sondern zum Feststellen von (Vor-)Kenntnissen sowie Leistungsentwicklungen. Dadurch ist eine Diagnose der vorhandenen Fähigkeiten und Defizite möglich". (Voßmeier, 2012, S. 107)

Die Standortbestimmung kann abhängig von der Zielsetzung vor, während oder nach der Behandlung des Themenkomplexes durchgeführt werden (Voßmeier, 2012, S. 106). Gängig ist die Methode der Erhebung vor dem Zeitpunkt des Unterrichtens. Seltener erfolgt eine Kombination aus Standortbestimmungen sowohl vor als auch nach der Unterrichtseinheit – wobei der Vorteil dieses Vorgehens in der Möglichkeit besteht, die Lernstände der SuS zu vergleichen[3] (Voßmeier, 2012, S. 106).

Standortbestimmungen können mittels unterschiedlicher Methoden durchgeführt werden – mündlich oder schriftlich (Krauthausen, 2018, S. 245). Im Zuge dieser Erhebung wurde die zeitökonomischere schriftliche Standortbestimmung durchgeführt. Vorteil ist hier neben dem zeitlichen Aspekt das Abbild des Lernstandes der ganzen Klasse – nicht nur einzelner SuS: „Beim Einsatz von

---

[2] Hier sei auf Voßmeier (2012, S. 104f) verwiesen.

[3] Diese Methode ist für das Forschungsinteresse dieser Arbeit naheliegend und wird deshalb auch umgesetzt. Aufgrund des speziellen Themas, bei dem keine oder kaum Vorkenntnisse bei den SuS zu erwarten sind, war die Methode der identischen Eingangs- und Ausgangs-Standortbestimmung nicht umsetzbar. Weitere Erläuterungen folgen.

Eingangs-SOBen [Abkürzung für Standortbestimmungen, Anm. von J.K.] fallen Defizite und bereits vorhandene (evtl. sogar herausragende) Kompetenzen früh-zeitig auf. [...] Auch ‚stille' Kinder können durch die schriftliche SOB zeigen, was sie schon können" (Voßmeier, 2012, S. 121). Weiterer Vorteil ist die Möglich-keit der nachträglichen Auswertung (Röthlisberger, 2001, S. 23). Nachteilig ist, lediglich das Produkt von Denk- und Arbeitsprozessen zu erhalten und deshalb das Vorgehen bzw. den Denkprozess des Kindes nicht eindeutig nachvollziehen zu können (Voßmeier, 2012, S. 122). Weiter kann die Lesekompetenz einen Einfluss auf die schriftliche Leistung haben (Voßmeier, 2012, S. 122).

„Je nach Fokus und Thema der SOB können sich ganz verschiedene Aufgabenformate eignen. Sinnvoll sind vor allem Aufgaben, die die Lösungswege der Kinder deutlich werden lassen. Sie können sowohl offen als auch geschlossen sein, einen oder mehrere Lösungswege erlauben sowie, je nach Thema, Ein-Wort-Antworten oder auch freie Antworten zulassen. [...] Die Erhebung nur einer Kompetenz pro Aufgabe bietet sich an." (Voßmeier, 2012, S. 123)

4.1.2 Standortbestimmung: Entwicklung und Durchführung

Die Kinder zeigen – wie bereits angeführt – kaum Vorkenntnisse zum Themen-feld auf. Durch diesen Umstand wurde die Konzeption der Standortbestimmungen unterschiedlich gestaltet. Es wurde also zwischen Prä-Standortbestimmung und Post-Standortbestimmung differenziert[4]. Zu Beginn der ersten Unterrichtsstunde wurde eine Anfangsstandortbestimmung durchgeführt, bei der unter anderem eine kurze Einführung in das Thema stattgefunden hat. Die Abschlussstandortbestim-mung am Ende der letzten Stunde hat Aufgaben eines höheren Niveaus gestellt. Damit geht einher, dass die Bestimmungen untereinander nicht direkt vergleichbar sind.

Bei der Anfangsstandortbestimmung wurde zunächst mit Hilfe von *Brief 1*[5] der Unterrichtseinheit eine Aufgabe erstellt, welche eine Anleitung zum gehei-men Übermitteln von Nachrichten fordert. Im Anschluss wurde der Begriff der *Verschlüsselung* eingeführt und danach gefragt, wieso Menschen Texte ver-schlüsseln und wo Verschlüsselungen im Alltag vorkommen. Der Fragebogen

---

[4] Diese werden im Folgenden als Anfangsstandortbestimmung und Abschlussstandortbe-stimmung bezeichnet. Dies geschieht analog zu der Bezeichnung, welche auf den Arbeits-blättern zur Standortbestimmung für die SuS angeführt worden ist.
[5] Siehe Anhang 1.3.1 im elektronischen Zusatzmaterial.

endete mit einer affektiven Einschätzung zur Kenntnis von Codierungen[6]. Die Abschlussstandortbestimmung wurde parallel zur Durchführung der Unterrichtseinheit entwickelt. Hier wurden zunächst Verschlüsselungsarten abgefragt. Darauf folgt eine Frage zur Reflexion der verschiedenen Verschlüsselungsformen. Im Folgenden wurde – identisch zur Anfangsstandortbestimmung – abgefragt, wo Verschlüsselungen im Alltag stattfinden und wie Verschlüsselung mit dem Thema Informatik zusammenhängt. Die Standortbestimmung endete wieder mit einer affektiven Einschätzung[7].

Die Anfangsstandortbestimmung wurde von 24 SuS aufgefüllt. Aufgrund der hohen Krankheitszahlen und weil einige Kinder immer wieder zur individuellen Förderung aus dem Unterricht herausgezogen werden mussten, haben bei der Abschlussstandortbestimmung lediglich 19 SuS den ausgefüllten Bogen eingereicht.

4.1.3   Auswertung und Interpretation Standortbestimmung

Die besondere Situation, welche durch die Differenzierung von Anfangs- und Abschlussstandortbestimmung geschaffen wurde, verlangt eine vor allem qualitative Auswertung der Standortbestimmungen. „Qualitativ Forschende überprüfen dabei nicht im Voraus formulierte Hypothesen. Vielmehr folgen sie zuerst einmal den Aussagen, die ihnen jeweils vorliegen […] und versuchen daraus Erkenntnisse abzuleiten" (Aeppli et al., 2014, S. 230). Dafür werden die Ergebnisse aus den Standortbestimmungen der SuS direkt miteinander verglichen, strukturiert und an Prototypen diskutiert. Die jeweils letzte Aufgabe der Standortbestimmungen wird quantitativ mit Hilfe von *SPSS Statistics*[8] ausgewertet.

4.1.3.1 Qualitative Auswertung der Standortbestimmung
Die Aufgabenstellung bei *Aufgabe 1* der Standortbestimmung lautete: *Ich brauche deine Hilfe. Ich möchte einen Brief schreiben, den Eve nicht lesen kann. Hast du eine Idee, wie ich das machen kann? Schreibe eine Anleitung.* Alle SuS haben eine Antwort abgegeben. Die Anleitung, welche in der Aufgabenstellung verlangt worden ist, haben nur wenige Kinder angegeben. Oft wurden kreative

---

[6] Siehe Anhang 2.1 im elektronischen Zusatzmaterial.

[7] Siehe Anhang 2.3 im elektronischen Zusatzmaterial.

[8] *SPSS Statistics* von *IBM* ist eine Software zum Auswerten quantitativer Daten. Weitere Informationen: https://www.ibm.com/products/spss-statistics (zuletzt aufgerufen 12.02.2022). Im Rahmen dieser Arbeit wurde die Version *28.0.1.0. (142)* verwendet.

Lösungen, welche aus dem Alltagsverständnis bzw. Alltagserfahrungen der SuS hervorgehen, angeführt. In *Abbildung 4.1* und *Abbildung 4.2* sind solche Lösungen zu sehen. Neben den vorgeschlagenen Lösungen zum Rückwärtsschreiben und dem Wechsel der Sprache werden auch undeutliche Schriftbilder, Zeichnungen, Spiegelschrift und besondere Übergabesituationen beschrieben. Die Mehrheit der Kinder hat unterschiedliche Geheimschriften genannt, welche ebenfalls als Kategorie gesehen werden können. Diese Beschreibung erfolgte oft – wenn überhaupt – rudimentär. In *Abbildung 4.3* wird keine konkrete Anleitung gegeben, aber es wird deutlich, dass ein Substitutionschiffre mittels Zahlen vorgeschlagen wird[9]. Die Antwort in *Abbildung 4.4* ist zwar nicht ausdifferenziert worden[10], stellt aber in Grundzügen eine Transpositionschiffre dar. In *Abbildung 4.5* ist prototypisch ein Lösungsansatz zu erkennen, der von einigen SuS eingereicht worden ist. Dabei haben die Kinder lediglich Symbole notiert, welche Geheimzeichen darstellen könnten. Es wurde keine Erklärung oder Anleitung gegeben. Die gegebenen Symbole erinnern an die germanische Runenschrift, welche den SuS in Grundzügen bereits bekannt ist. Mutmaßlich ist hier also auch ein Rückbezug auf Transpositionschiffren erkennbar.

Einige Kinderlösungen deuten auf Steganografie hin. Vor allem die Arbeit mit Spezialstift und UV-Licht wurde hier genannt.

Zusammenfassend lässt sich zu *Aufgabe 1* der Anfangsstandortbestimmungen sagen, dass einige Kinder bereits Vorwissen im Bereich des Verschlüsselns und Verbergens mitbringen. Sie führen größtenteils korrekte Ideen oder kreative Lösungsvorschläge an, welche im Grundgedanken eine Möglichkeit des Geheimhaltens bieten. Es werden zudem Fachwörter wie *verschlüsseln, Geheimschrift* und *Runenschrift* verwendet, was auf bereits vorhandenes Vorwissen schließen lässt. Die nicht vorhandene Einheitlichkeit in den Lösungen lässt zudem Rückschlüsse darauf zu, dass das Thema schulisch nicht behandelt worden ist, die Kinder also auf unterschiedlichem Stand sind. Es wird auch deutlich, dass viele Kinder Probleme haben, die auszuführenden Algorithmen zu beschreiben[11] (siehe Abbildung 4.1, Abbildung 4.2, Abbildung 4.3, Abbildung 4.4, Abbildung 4.5).

---

[9] Es ist erkennbar, dass nicht alle Buchstaben in die Chiffre mit einbezogen werden. Den Buchstaben *T, U, V, W* wurden keine Zahlen zugeordnet. Dies könnte auf Wissenslücken bezüglich des Alphabets zurückzuführen sein.

[10] Problematisch ist, dass eine Transposition, bei der nur zwei Buchstaben vertauscht werden, keine sichere Verschlüsselung darstellt. Der Text ist also immer noch lesbar bzw. durch den Kontext der anderen Buchstaben erschließbar.

[11] Dies ist eine Möglichkeit, weshalb sie die Algorithmen nicht beschrieben haben. Eine andere Möglichkeit wäre z. B., dass die Aufgabenstellung nicht gelesen worden ist.

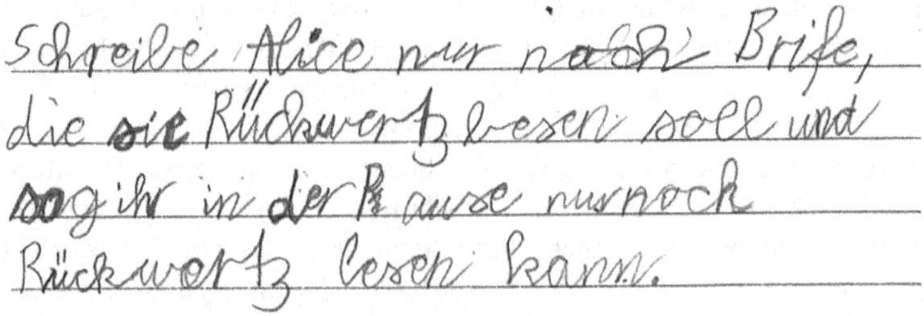

Schreibe Alice nur noch Brife, die sie Rückwertz lesen soll und sag ihr in der Pause nurnoch Rückwortz lesen kann.

Abbildung 4.1 Kinderlösung zu A1, Anfangsstandortbestimmung: „Schreibe Alice nur noch Briefe, die sie rückwärts lesen soll und sag ihr in der Pause nur noch rückwärts lesen kann"

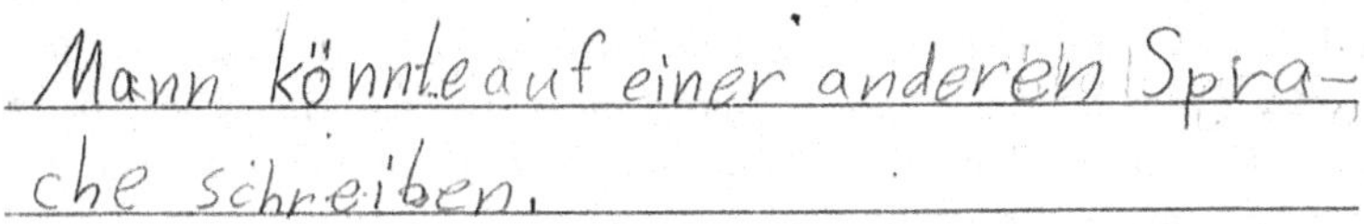

Mann könnte auf einer anderen Sprache schreiben.

Abbildung 4.2 Kinderlösung zu A1, Anfangsstandortbestimmung: „Man könnte auf einer anderen Sprache schreiben"

Ihr Könnt jeden Buchstaben
im Ahlpabeht durch Zahlen ersetzen
A=1 B=2 C=3 D=4 E=5 F=6
G=7 H=8 I=8 J=9 K=10 L=11
M=12 N=13 O=14 P=15 Q=16 R=17
S=18 X=19 Y=20 Z=21

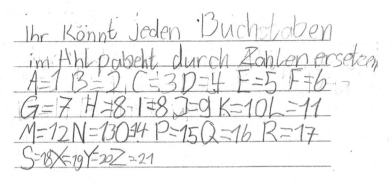

Abbildung 4.3 Kinderlösung zu A1, Anfangsstandortbestimmung: „Ihr könnt jeden Buchstaben im Alphabet durch Zahlen ersetzen. A = 1, B = 2, C = 3, D = 4, E = 5, F = 6, ..."

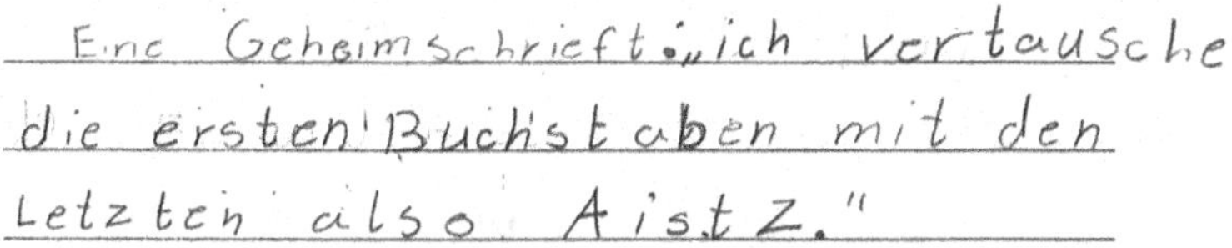

Eine Geheimschrieft:„ich vertausche die ersten Buchstaben mit den Letzten also A ist Z."

Abbildung 4.4 Kinderlösung zu A1, Anfangsstandortbestimmung: „Eine Geheimschrift: Ich vertausche die ersten Buchstaben mit den letzten. Also A ist Z"

Abbildung 4.5 Kinderlösung zu A1, Anfangsstandortbestimmung

Vergleichend dazu kann die *Aufgabe 1* der Abschlussstandortbestimmung gesehen werden. Hierbei war die Aufgabenstellung: *Wie kann man Texte verschlüsseln? Schreibe verschiedene Arten auf.* Die Mehrheit der Kinder hat einen Bezug zu den im Unterricht behandelten Verschlüsselungs- und Verbergungsmethoden hergestellt. Auch andere Methoden, wie zum Beispiel das Nutzen von Fremdsprachen, werden weiterhin genannt. Einige wenige Antworten haben sich auf Sicherheit im Internet und auf den Kontext von Computern bezogen, was aus der Aufgabenstellung nicht hervorgeht[12]. In *Abbildung 4.6* und *Abbildung 4.7* ist prototypisch zu erkennen, dass einige Kinder nach der Unterrichtsreihe eine breit gefächerte Auffassung von Kryptologie innehaben und entsprechende Fachbegriffe verwenden. Alles in allem ist also dahingehend eine Entwicklung zu erkennen, dass die SuS eine strukturiertere Vorstellung von kryptografischen Methoden innehaben. Eine Aussage über das sicherere Ausführen von Algorithmen kann auf Basis der Aufgabenstellung nicht getätigt werden (siehe Abbildung 4.6, Abbildung 4.7).

---

[12] Eine mögliche Erklärung hierfür wäre, dass die SuS unmittelbar vorher das *AB Warum ist Verschlüsselung wichtig?* bearbeitet haben.

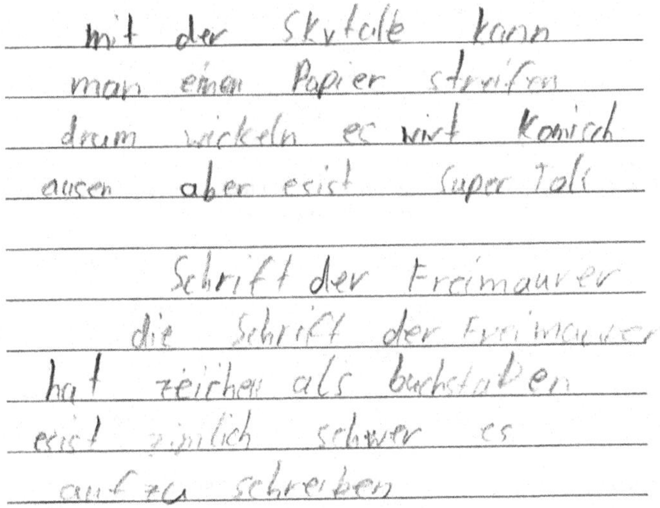

Abbildung 4.6 Kinderlösung zu A1, Abschlussstandortbestimmung: „Mit der Skytale kann man einen Papierstreifen drum wickeln. Es wird komisch aussehen, aber es ist super toll. Schrift der Freimaurer. Die Schrift der Freimaurer hat Zeichen als Buchstaben. Es ist ziemlich schwer, es aufzuschreiben"

Aufgabe 3 der beiden Standortbestimmungen sind identisch gestellt: *Wo kommen Verschlüsselungen im Alltag vor?*

Bei der Anfangsstandortbestimmung sind viele Kinderantworten – wie prototypisch in *Abbildung 4.8* – aus der vorhergehenden Einführung in das Thema entnommen[13]. Wie in *Abbildung 4.9* zu erkennen, beschreiben einige Kinder weiterführende Ideen. Diese spezifische Idee könnte aus Agent:innengeschichten oder Kinderkriminalromanen entnommen sein. In *Abbildung 4.10* wird deutlich, dass einige Kinder bereits diffuses Vorwissen zum Zusammenhang zwischen Verschlüsselung und Informatik innehaben. Es handelt sich um ein fehlerhaftes Konzept, bei welchem aber deutlich wird, dass dem Kind bereits bewusst ist,

---

[13] In *Aufgabe 2* der Anfangsstandortbestimmung: *Was glaubst du: Wieso verschlüsseln Menschen Texte?* ist das gleiche Phänomen zu beobachten. Alle Kinder, die diese Aufgabe ausgefüllt haben, sind auf die Geheimhaltung von Texten eingegangen; haben dies also aus der Einleitung in das Thema entnommen. *Aufgabe 2* wurde demnach wie *Aufgabe 3* beantwortet. Aufgrund dieses Zusammenhanges in den Kinderantworten und der Tatsache, dass es sich um reine Reproduktion der Einführung handelt, wird diese Aufgabe nicht in die qualitative Auswertung miteinbezogen.

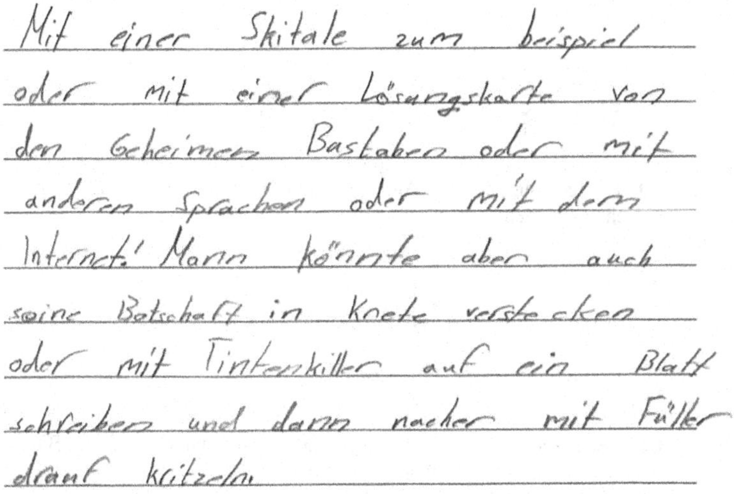

Mit einer Skitale zum beispiel oder mit einer Lösungskarte von den Geheimen Bastaben oder mit anderen Sprachen oder mit dem Internet! Mann könnte aber auch seine Botschaft in Knete verstecken oder mit Tintenkiller auf ein Blatt schreiben und dann nacher mit Füller drauf kritzeln

Abbildung 4.7 Kinderlösung zu A1, Abschlussstandortbestimmung: „Mit einer Skytale zum Beispiel oder mit einer Lösungskarte von den geheimen Buchstaben oder mit anderen Sprachen oder mit dem Internet! Man könnte aber auch seine Botschaft in Knete verstecken oder mit Tintenkiller auf ein Blatt schreiben und dann nachher mit Füller drauf kritzeln"

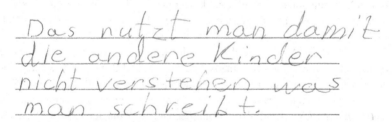

Abbildung 4.8 Kinderlösung zu A3, Anfangsstandortbestimmung: „Das nutzt man, damit die anderen Kinder nicht verstehen was man schreibt"

dass es eine Verbindung gibt. Diese kann das Kind zu diesem Zeitpunkt nicht genau benennen. Das Vorwissen könnte auf den Umstand zurückzuführen sein, dass bei Bankautomaten oft der PIN-Code eingegeben werden muss. Dies könnte als Verschlüsselung aufgefasst worden sein.

Abbildung 4.9 Kinderlösung zu A3, Anfangsstandortbestimmung: „In der Schule, bei Missionen, bei Geheimagenten"

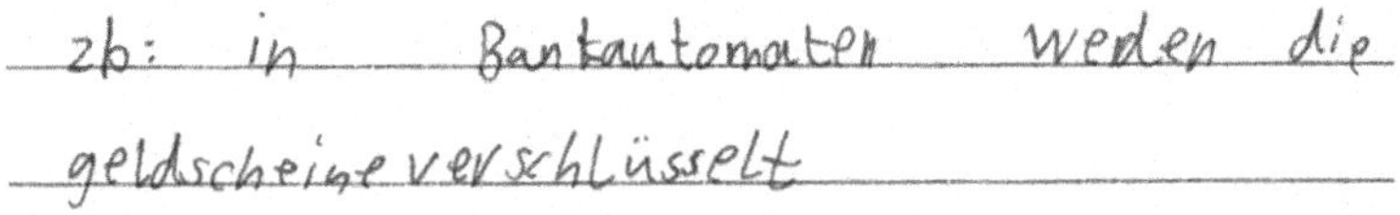

$$z.b: \quad in \quad Bankautomaten \quad werden \quad die$$
$$geldscheine \; verschlüsselt$$

Abbildung 4.10 Kinderlösung zu A3, Anfangsstandortbestimmung: „z. B.: In Bankautomaten werden die Geldscheine verschlüsselt"

Zusammenfassend kann gesagt werden, dass viele Kinder die Antwort auf die vorhergehende Einführung bezogen haben. Demnach ist die Antwort vieler Kinder auf die Geheimhaltung von Privatnachrichten im Schulkontext bezogen. Einige Kinder haben weiterführendes, rudimentäres Wissen zum Zusammenhang zwischen Verschlüsselung mit Informatik oder Geheimdiensten inne, welches vermutlich aus Alltagserfahrungen stammt (siehe Abbildung 4.8, Abbildung 4.9, Abbildung 4.10).

Das Pendant der Aufgabe in der Abschlussstandortbestimmung lieferte viele Antworten, bei welchen auf informatische Prozesse und den Zusammenhang mit informatischer Bildung eingegangen worden ist. Wie zum Beispiel in *Abbildung 4.11* zu erkennen, wurde hier auf Computer und Tablets eingegangen; in *Abbildung 4.12* wird auf den Zusammenhang zu Einkaufsläden verwiesen, welcher auch in der Unterrichtsreihe thematisiert worden ist. Diese Antworten stehen exemplarisch für viele Antworten, bei welchen zwar die Verbindung zu Informatik rudimentär deutlich wurde, diese Verbindung aber nicht beschrieben worden ist. Dies geht zwar aus der Aufgabenstellung nicht hervor, könnte aber auch auf eine Wissenslücke der SuS hinweisen. Es liegt nahe, dass diese Kinder zwar erkannt haben, dass sowohl Verschlüsselung als auch Informatik thematisiert wurde, nicht aber die Zusammenhänge zwischen den beiden Bereichen erkennen. Wie in *Abbildung 4.13* deutlich wird, haben einige SuS lediglich das Senden von Geheimnachrichten bzw. verschlüsselten Texten beschrieben (siehe Abbildung 4.11, Abbildung 4.12, Abbildung 4.13).

In Coputen· Und däblätz.

Abbildung 4.11 Kinderlösung zu A3, Abschlussstandortbestimmung: „In Computern und Tablets"

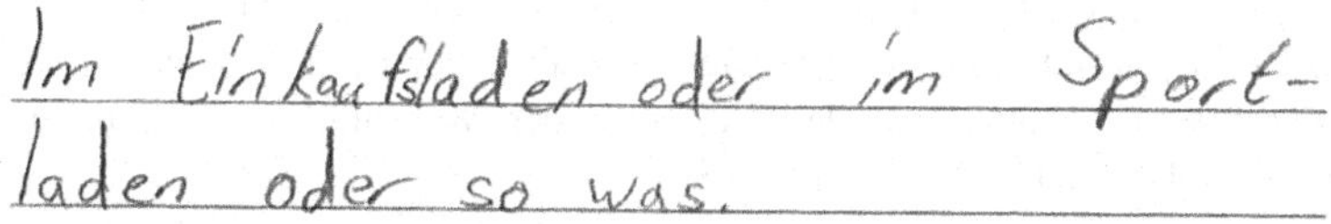

Im Einkaufsladen oder im Sport- laden oder so was.

Abbildung 4.12 Kinderlösung zu A3, Abschlussstandortbestimmung: „Im Einkaufsladen oder Sportladen oder so was"

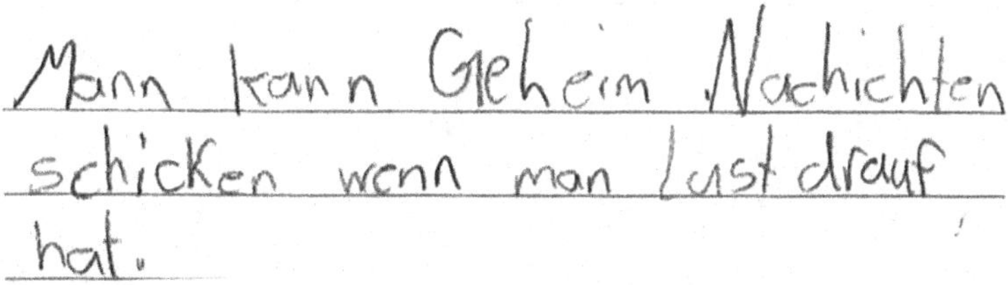

Mann kann Geheim Nachichten schicken wenn man Lust drauf hat.

Abbildung 4.13 Kinderlösung zu A3, Abschlussstandortbestimmung: „Man kann Geheimnachrichten schicken, wenn man Lust darauf hat"

Zusammenfassend wird bei Vergleich der Antworten zu *Aufgabe 3* deutlich, dass vor der Unterrichtsreihe sehr viele SuS lediglich auf Basis der Einführung geantwortet haben, dass Verschlüsselungen bei Nachrichten an andere Personen von Bedeutung sind. Wenige SuS haben die Verbindung zu anderen Konzepten geschaffen. In der Abschlussstandortbestimmung wird die Verbindung zu informatischen Prozessen deutlich öfter gezogen als vorher. Wie bereits diskutiert, kann aufgrund der gegebenen Antworten nicht davon ausgegangen werden, dass die SuS das gesamte Wissensnetz erschlossen haben.

Aufgabe 2 der Abschlussstandortbestimmung lautete *Welche Art der Verschlüsselung würdest du nutzen, um Texte zu verschlüsseln? Begründe.* Ein Pedant zu dieser Aufgabenstellung ist in der Anfangsstandortbestimmung aufgrund des geringeren Wissensstandes nicht zu finden. In dieser Aufgabe wurde ein weiterführender Denkanstoß gegeben, welcher zur Reflexion der verschiedenen Verschlüsselungsarten anregen soll. Diese Reflexionen sind mit Hilfe von Pro- und Contra-Listen ebenfalls im Unterrichtsgeschehen eingebunden worden, allerdings nicht unter vergleichenden Gesichtspunkten. Viele Kinder haben hierbei eine Antwort gegeben, die sie nicht oder lediglich unzureichend begründen konnten, wie in *Abbildung 4.15* deutlich wird. Viele Kinder haben also eine intuitive Entscheidung getroffen. Einige Kinder haben Begründungen wie Übersichtlichkeit oder Freude an der Verschlüsselungsart angegeben. Andere SuS – wie in *Abbildung 4.14* – haben mit der Sicherheit der Verschlüsselung argumentiert (siehe Abbildung 4.14, Abbildung 4.15).

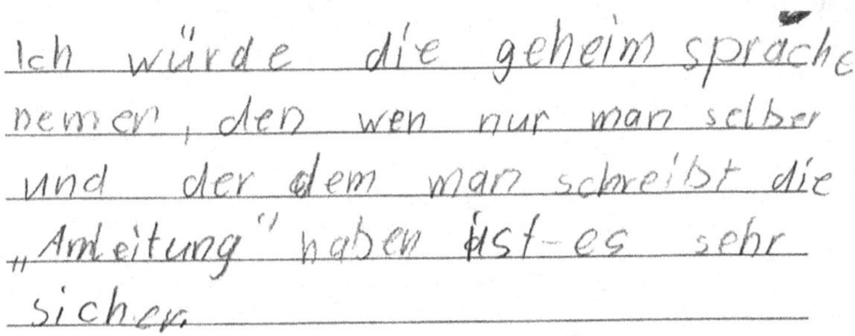

Abbildung 4.14 Kinderlösung zu A2, Abschlussstandortbestimmung: „Ich würde die Geheimsprache nehmen, denn wenn nur man selber und der mit dem man schreibt die „Anleitung" haben ist es sehr sicher"

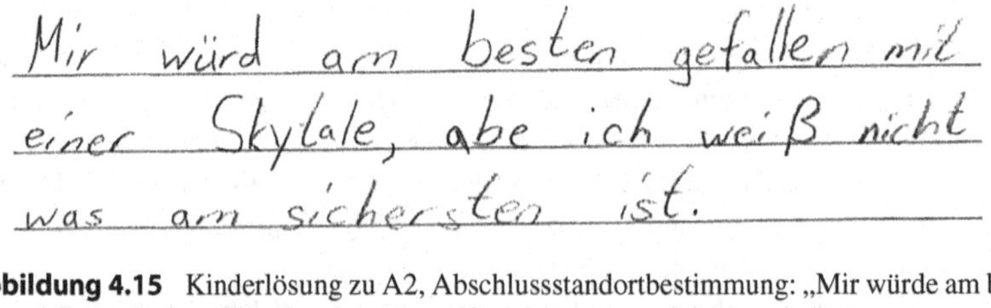

Abbildung 4.15 Kinderlösung zu A2, Abschlussstandortbestimmung: „Mir würde am besten gefallen mit einer Skytale, aber ich weiß nicht, was am sichersten ist"

Die Aufgabenstellung von *Aufgabe 4* lautete: *Wie hängt das Thema Verschlüsselungen mit dem Thema Informatik zusammen?* Dieser komplexe Zusammenhang zwischen Informatik und Kryptologie wird in der Anfangsstandortbestimmung nicht aufgegriffen, weshalb ebenfalls kein Vergleich dargestellt werden kann. Die meisten Kinder haben keine oder unzureichende Lösungen eingereicht. Wie in *Abbildung 4.16* prototypisch deutlich wird, ist vielen Kindern der Zusammenhang nicht bewusst geworden. In *Abbildung 4.17* wird ein Erklärungsversuch auf Basis des erlernten Wissens gegeben, welcher fachlich inkorrekt ist. In *Abbildung 4.18* und *Abbildung 4.19* ist zu erkennen, dass im Kontrast dazu einige Kinder den Zusammenhang – wenn auch nur in Grundzügen – verstanden haben. In *Abbildung 4.18* wird lediglich erläutert, dass Verschlüsselungen ‚in Informatik drinstecken'. Diese Aussage ist grundlegend richtig; der für die Verschlüsselungen wichtige Austauschcharakter wird allerdings nicht thematisiert. In *Abbildung 4.19* hingegen wird mittels kindlicher Formulierungen auf die fachlich korrekte Lösung eingegangen. Dieses Ziel wurde allerdings nur von sehr wenigen SuS erreicht. Das führt zu dem Schluss, dass einige Kinder in Grundzügen die Verbindung zwischen den erlernten Verschlüsselungen und informatischen Prozessen verstanden haben. Die Mehrheit der Kinder hat entweder kein oder ein fehlerhaftes Konzept des Zusammenhanges (siehe Abbildung 4.16, Abbildung 4.17, Abbildung 4.18, Abbildung 4.19).

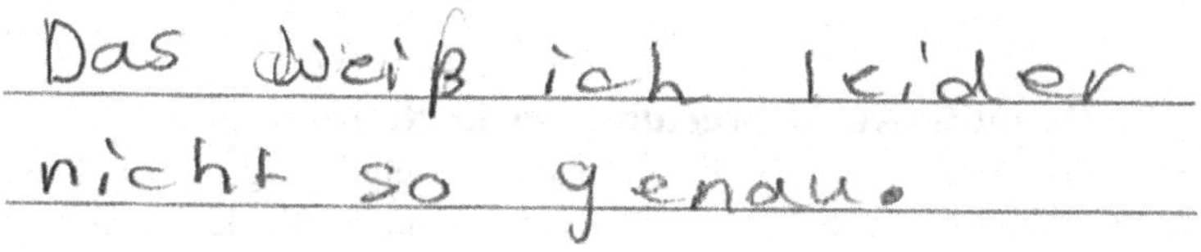

Abbildung 4.16 Kinderlösung zu A4, Abschlussstandortbestimmung: „Das weiß ich leider nicht so genau"

Abbildung 4.17 Kinderlösung zu A4, Abschlussstandortbestimmung: „Sie sind alle geheim"

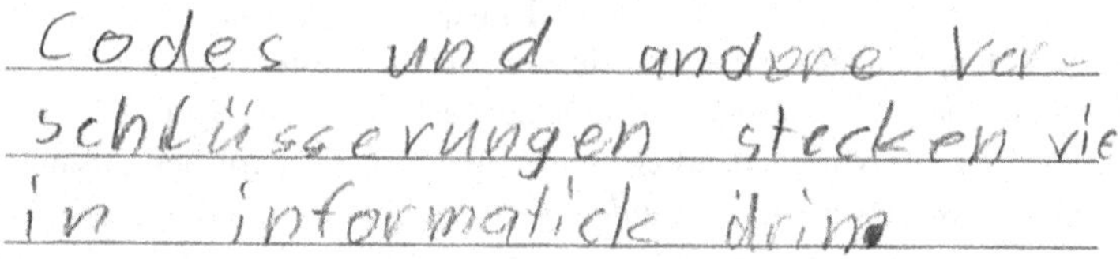

> Codes und andere Ver-
> schlüsserungen stecken viel
> in informatik drin

Abbildung 4.18 Kinderlösung zu A4, Abschlussstandortbestimmung: „Codes und andere Verschlüsselungen stecken viel in Informatik drin"

> Die Informatischen Prozesse haben
> oft einen Code. Damit tauschen
> sich der Informatische Prozess
> und sie Sache aus

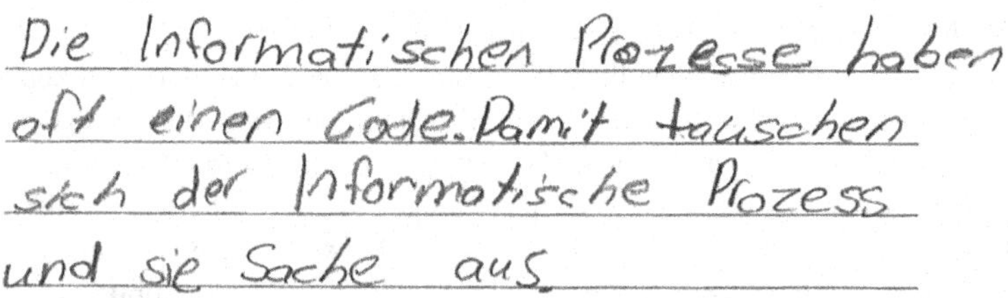

Abbildung 4.19 Kinderlösung zu A4, Abschlussstandortbestimmung: „Die informatischen Prozesse haben oft einen Code. Damit tauschen sich der informatische Prozess und sie [vermutlich: die] Sache aus"

4.1.3.2 Quantitative Auswertung der letzten Aufgaben

Im Folgenden wird die jeweils letzte, analog gestellte Aufgabe der Standortbestimmungen ausgewertet. Dies bezieht sich auf *Aufgabe 4* der Anfangsstandortbestimmung und *Aufgabe 5* der Abschlussstandortbestimmung. Die Aufgabe umfasste die affektive Komponente der Kenntnisse im Bereich der Kryptologie des jeweiligen Kindes und stellt somit das individuelle Selbstwirksamkeitserleben in diesem Bereich heraus. Sie wird durch die Aufforderung *Wie gut kennst du dich mit Verschlüsselungen aus? Kreuze an.* abgefragt. Dabei sollten die SuS ein Item auf einer Ordinalskala ankreuzen. Dies wurde durch ein Emoticon und einen passenden Ausdruck dargestellt, wie in Tabelle 4.1 erkennbar.

Die SuS haben nicht nur die gegebenen Items angekreuzt, sondern in mehreren Fällen zwischen diesen Items Kreuze gemacht. Dabei haben sie diese nicht als Ordinalskala wahrgenommen, sondern als metrische Skala. Dies wurde im Nachgang in die Codierung aufgenommen. Die Skala enthält also nicht wie ursprünglich angedacht drei Werte, sondern fünf.

Tabelle 4.1 Items affektiv

Item	☺		☺		☹
	Ich bin Experte![14]		Ein bisschen.		Noch gar nicht.
Codierung	1	2	3	4	5

Da diese Aufgabe in beiden Standortbestimmungen identisch war, können sie im Gegensatz zu den anderen zum direkten, quantitativen Vergleich herangezogen werden. Die Auswertungen haben folgendes ergeben:

In *Abbildung 4.20* wird deutlich, dass die Selbsteinschätzung der SuS schon vor der Unterrichtreihe hoch angesetzt war. 29,2 Prozent der Kinder haben sich schon vor Beginn der Unterrichtsreihe als Expert:innen eingeschätzt. Nur 8,3 Prozent der SuS hingegen haben angegeben, noch kein Wissen über Verschlüsselungen mitzubringen. Mit 50 Prozent hat die Mehrheit der Kinder zu diesem Zeitpunkt angegeben, sich rudimentär mit Codierungen auszukennen. 12,5 Prozent der Kinder haben sich zwischen der höchsten und der mittleren Stufe gesehen. Vor Beginn der Unterrichtsreihe haben die SuS sich demnach mittelmäßig bis gut eingeschätzt.

Nach Abschluss der Unterrichtsreihe haben sich 36,8 Prozent als Expert:innen eingeschätzt. Die Zahlen sind, wie in *Abbildung 4.20* erkennbar, leicht gestiegen. Auch haben sich viele SuS, ebenfalls 36,8 Prozent als mittelmäßig bis gut eingeschätzt. Mit 15,8 Prozent haben sich nach der Unterrichtsreihe deutlich weniger Kinder als vorher als mittelmäßig eingestuft. Mit jeweils 5,3 Prozent wurde die schlechte und mittelmäßig bis schlechte Einschätzung gewählt. Diese Zahlen sind nur leicht geringer geworden bzw. im Falle des mittelmäßigen bis schlechten Ergebnisses zum ersten Mal ausgewählt. Tendenziell lässt sich also über die Selbsteinschätzung der SuS sagen, dass sie sich durchschnittlich zum Positiven verändert hat.

Diese Aussage wird auch durch die errechneten Mittelwerte in *Tabelle 4.2* unterstrichen. Zu Beginn wurde im Mittel etwa 2,5 angegeben und in der Abschlussstandortbestimmung 2,1. Es ist also tendenziell eine positivere Selbsteinschätzung zu verzeichnen. Dieser lediglich geringe Anstieg des Mittelwertes kann durch die anfänglich bereits gute Selbsteinschätzung der SuS erklärt werden. Viele Kinder haben bereits zu Beginn angegeben, dass sie sich als Expert:innen

---

[14] Der Einfachheit der Sprache halber wurde in der Version für die SuS lediglich das generische Maskulinum verwendet.

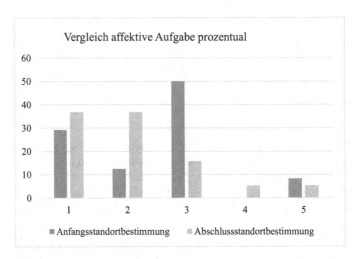

Abbildung 4.20 Vergleich affektive Aufgabe prozentual

in dem Themenfeld wahrnehmen, weshalb bei diesen Kindern keine Veränderung zum Positiven möglich war.

Tabelle 4.2 Anfangs- und Abschlussstandortbestimmung Mittelwertvergleich

	Anfangsstandortbestimmung A4	Abschlussstandortbestimmung A5
Mittelwert	2,4583	2,0526
N	24	19

4.1.3.3 Zusammenfassung Auswertungen Standortbestimmungen

Es wird deutlich, dass viele Kinder durch die Unterrichtseinheit einen Lern-fortschritt in Richtung besserer informatischer Bildung gemacht haben. Bei den Aufgaben der Anfangsstandortbestimmung sind die Antworten vor allem sehr unspezifisch und aus dem Alltag der SuS entnommen. Zudem fällt die Beschrei-bung von Algorithmen – eine informatische Grundkompetenz – den Kindern meist schwer.

Durch die Unterrichtsreihe ist das Wissen der Kinder deutlich homogener geworden. Viele Kinder haben an Wissen im informatischen Bereich dazugewonnen. Probleme sind in der Verbindung von kryptologischen und informatischen Themenfeldern zu finden. Oft ist den Kindern bewusst, dass diese existiert, sie können sie aber nicht beschreiben, da ihnen das Kontextwissen fehlt.

Die Auswertung der affektiven Komponente hat ergeben, dass sie Selbsteinschätzung der Kinder im Bereich der Kryptologie zu Beginn bereits sehr hoch ist – sich durch die Unterrichtsreihe dennoch weiter verbessert.

4.2   Auswertung: Interviews

4.2.1   Methode: Interviews mittels Videoanalyse

„Eine wissenschaftlich mündliche Befragung ist ein mehr oder weniger durch Fragen strukturiertes Gespräch, in welchen die befragende Person von einer oder von mehreren Gesprächspersonen systematisch und gezielt Information in Form von direkten verbalen Antworten einholt; dies mit dem Ziel, die hinter den Fragestellungen und Aussagen steckenden Konstrukte und theoretischen Zusammenhänge zu untersuchen und eine übergeordnete Forschungsfrage zu beantworten." (Aeppli et al., 2014, S. 178)

Laut Helfferich sind „qualitative, leitfadengestützte Interviews […] eine weit verbreitete, ausdifferenzierte und methodologisch vergleichsweise gut ausgearbeitete Methode, qualitative Daten zu erzeugen" (Helfferich, 2019, S. 669). Der Nachteil liegt im Zeitaufwand, der im Rahmen der Schule auch durch das Einverständnis der Schulleitung, der LP und der Erziehungsberechtigten bestimmt wird (Aeppli et al., 2014, S. 188). Bei Interviews werden prototypisch Einzelfälle untersucht und neue Forschungsfelder erkundigt (Aeppli et al., 2014, S. 178).

„Das wissenschaftliche Interview dient stets dazu, zur Beantwortung einer bestimmten Forschungsfrage beizutragen. Daher erfordert diese Methode eine theoretische Auseinandersetzung mit dem Inhalt, eine Planung, einen sorgfältigen Umgang mit der Art des Fragens, der Kommunikationssituation und den möglichen Fehlerquellen, eine systematische Durchführung und eine Auswertung." (Aeppli et al., 2014, S. 178)

Charakteristikum der Methode ist die synchrone Gesprächssituation von Angesicht zu Angesicht, in der verbale Aussagen produziert werden. Die Gesprächsteilnehmenden können sich der Situation dabei nicht entziehen (Aeppli et al., 2014, S. 179). Zudem besteht zwischen den Gesprächspartner:innen eine Asymmetrie, bei der „eine Person aufgrund eines wissenschaftlichen Interesses das

Interview führt, [während] die andere [...] als Auskunftsperson zur Erfüllung des Interesses bei[trägt]" (Helfferich, 2019, S. 674). Die Interviewsituation ermöglicht – je nach Ausführung des Interviews – „von einem Gegenüber gezielte Informationen und Berichte über persönliche Erfahrungen, Bewertungen und Meinungen zu erhalten, auf neue, vorher nicht bedachte Inhalte einzugehen, sich dem sprachlichen Niveau der befragten Person anzupassen, Nachfragen zu stellen und die gegenseitige Verständigung zu sichern" (Aeppli et al., 2014, S. 179).

In der Literatur wird zwischen strukturierten, teilstrukturierten und offenen Interviews unterschieden (Aeppli et al., 2014, S. 179f). Im Rahmen dieser Forschungsarbeit wurde das teilstrukturierte Interview durchgeführt.

> „Das halb- oder teilstrukturierte Interview befindet sich zwischen diesen beiden Grundformen – dem stark strukturierten und dem wenig strukturierten Interview – und ist die am häufigsten verwendete Form der mündlichen Befragung. Der Gesprächsverlauf, die Themen und die Art des Fragens sind zwar vorbereitet, jedoch werden sie der befragten Person und dem thematischen Gesprächsverlauf angepasst." (Aeppli et al., 2014, S. 180)

Vorteile sind hier die mögliche Bearbeitung von sowohl qualitativen als auch quantitativen Fragestellungen und die „flexible Gesprächsführung mit Nachfragen, um Verständnis zu sichern" (Aeppli et al., 2014, S. 181).

Helfferich bezeichnet Interviews, die durch einen Leitfaden vorstrukturiert sind, als *Leitfadeninterviews* (Helfferich, 2019, S. 669).

> „Der Leitfaden ist eine vorab vereinbarte und systematisch angewandte Vorgabe zur Gestaltung des Interviewablaufs. Er kann sehr unterschiedlich angelegt sein, enthält aber immer als optionale Elemente (Erzähl-)Aufforderungen, explizit vorformulierte Fragen, Stichworte für frei formulierbare Fragen und/oder Vereinbarungen für die Handhabung von dialogischer Interaktion für bestimmte Phasen des Interviews. Der Leitfaden beruht auf der bewussten methodologischen Entscheidung, eine maximale Offenheit (die alle Möglichkeiten der Äußerung zulässt) aus Gründen des Forschungsinteresses oder der Forschungspragmatik einzuschränken." (Helfferich, 2019, S. 670)

Die Videografie ist eine gängige Methode zur Dokumentation von Interviews (Beck & Maier, 1993, S. 155). Die Analyse des Aufgezeichneten ist dabei zu einem späteren Zeitpunkt möglich, es wird also sowohl das Hörbare als auch das Sichtbare konserviert (Aeppli et al., 2014, S. 193). Dadurch „können [...] tiefere Einblicke in das Interaktionsgeschehen gewonnen werden. [...] Audiovisuelle Aufnahmen ermöglichen es, die für Interaktion konstitutive Komplexität der nacheinander stattfindenden Gleichzeitigkeit unterschiedlichster visueller und auditiver Äußerungen und Ereignisse in phänomenologischer Weise zugänglich zu machen" (Aeppli et al., 2014, S. 15). Diese komplexe Situation kann durch die Videoanalyse detailreich eingefangen werden, was die Datenerhebung unterstützen kann (Aeppli et al., 2014, S. 15). Dabei ist zu beachten, dass „Geräte [...] so diskret mitlaufen, daß [sic!] das Kind sich nicht gehemmt fühlt" (Wittmann, 1982, S. 38). Die Auswertung der Videographie bzw. der Audioaufnahme erfolgt mit Hilfe eines Transkriptes (Aeppli et al., 2014, S. 184).

4.2.2 Auswertungsmethode: Interaktionsanalyse auf Basis von Krummheuer

Die Interaktionsanalyse „ist entwickelt worden, um thematische Entwicklungen in Interaktionsprozessen zu rekonstruieren" (Krummheuer, 2012, S. 234). Mittelpunkt ist der „Wechselprozess von aufeinander bezogenen Rede- und Handlungszügen in der Interaktion. Gemeinhin wird dieser Aspekt der Interaktion als ‚Bedeutungsaushandlung' bezeichnet [...]. Die Interaktionsanalyse ist ein Verfahren zur Rekonstruktion dieser Aushandlungsprozesse und der dabei mit hervorgebrachten thematischen Entwicklungen" (Krummheuer, 2011, S. 1). Laut *Krummheuer* eignet sie sich, um Forschungsfragen zu inhaltsbezogenen Vorstellungen und Entwicklungen nachzugehen. Bei der Untersuchung von Kindern können unter anderem Kenntnisse zu Unterrichtsthemen abgefragt werden (Krummheuer, 2012, S. 235).

Zur Durchführung werden Transkripte von Videodokumenten verwendet[15]. Da es zeitlich sehr aufwändig ist, diese anzufertigen, sollte nach Krummheuer eine Auswahl an Interviewausschnitten getroffen werden, die sich am Erkenntnisinteresse orientiert (Krummheuer, 2012, S. 235). Die Auswahl ist bereits als „interpretativer Akt" (Krummheuer, 2012, S. 235) zu sehen.

Krummheuer schlägt zur Durchführung verschiedene Analyseschritte vor, betont aber, dass diese „nicht als statisch festes Schema zu verstehen [sind], sondern [...] als Gerüst für die Analyse [dienen]" (Krummheuer, 2012, S. 236). Das Vorgehen wird im Folgenden beschrieben:

---

[15] Diese wurden mittels Interviews erzeugt, siehe Abschnitt 4.2.1.

(1) Zunächst geschieht die *Gliederung der Interaktionseinheit* in Abschnitte, dies kann unter anderem durch fachdidaktische oder interaktionstheoretische Strukturierungen geschehen[16].

(2) Der nächste Schritt ist die *allgemeine Beschreibung*: Sie wird charakterisiert als „eine erste mehr oder weniger spontane und oberflächliche Schilderung. Es geht hier zunächst lediglich darum, den in einer Erstzuschreibung vermuteten ‚immanenten' Sinngehalt zu benennen" (Krummheuer, 2012, S. 237).

(3) Der dritte Schritt ist von Krummheuer als *ausführliche Analyse der Einzeläußerungen – Interpretationsalternativen (re-)konstruieren* benannt. Hierbei liegt der Fokus auf der Generierung alternativer Interpretationsmöglichkeiten (Krummheuer, 2012, S. 237). Sie werden in der Reihenfolge des Vorkommens generiert. „Plausibilisierungen dürfen und können nur rückwärtsgewandt erfolgen" (Krummheuer, 2012, S. 237). „Das Ziel dieses Arbeitsschritts ist die Erzeugung mehrerer plausibler Deutungen der Handlungen. Dies ermöglicht, dass unterschiedliche Theorien als Grundlage herangezogen und auf ihre Erklärungsmächtigkeit überprüft werden können" (Krummheuer, 2012, S. 237).

(4) Die *Turn-by-Turn-Analyse* bildet den nächsten Schritt: „Die Frage der Turn-by-Turn-Analyse lautet […] gewissermaßen: Wie reagieren andere Interaktanten auf eine Äußerung, wie scheinen sie die Äußerung zu interpretieren, was wird gemeinsam aus der Situation gemacht? Indem man diese Beziehung rekonstruiert, rekonstruiert man die gemeinsame, Zug um Zug erfolgende Themenentwicklung der Interaktion" (Krummheuer, 2012, S. 238).

(5) Zuletzt erfolgt eine *zusammenfassende Interpretation*, die die gesamte Szene umfasst (Krummheuer, 2012, S. 238).

4.2.3 Durchführung, Auswertung und Interpretation der Interviews

Im Folgenden werden die durchgeführten Interviews der vier SuS vorgestellt und die persönliche Lernentwicklung anhand der Interviews vorgestellt. Die Auswahl der Kinder erfolgte zufällig bzw. unter Einbezug praktischer Gesichtspunkte[17]. Die interviewten SuS waren in jeder Unterrichtsstunde anwesend und haben somit

---

[16] Eine fachdidaktische Strukturierung wäre zum Beispiel nach Aufgaben zu gliedern; eine interaktionstheoretische Strukturierung wäre die Gliederung nach Interaktionsformen. Siehe auch Krummheuer (2012, S. 236).

[17] Diese sind vor allem durch die unkomplizierte und zügige Rückmeldung der Erziehungsberechtigten und die Möglichkeit, während der Unterrichtszeit aufgrund des Interviews abwesend zu sein, gegeben.

die gesamte Unterrichtskonzeption erfahren können. Die Interviews sind direkt im Anschluss an die letzte Stunde der Unterrichtsreihe durchgeführt worden, sodass keine zeitliche Distanz bestand.

Zuvor wurde – im Sinne des Leitfadeninterviews – ein Interviewleitfaden erstellt[18]. Der Leitfaden umfasst vier Hauptaufgaben für die SuS, von welchen die ersten beiden lediglich eine Reproduktion des bereits Gelernten forderten. Die Aufgabenstellungen lauteten dabei: *Verschlüssele einen Satz mit Hilfe der Schlüsseltabelle* bzw. *Verschlüssele einen Satz mit Hilfe der Skytale.* Die Aufgaben waren bereits aus der Unterrichtsreihe bekannt und lediglich eine Wiederholung verinnerlichter Algorithmen. Die benötigten Hilfsmittel wurden gestellt.

Im Rahmen der dritten Aufgabe sollten die SuS eine neue Verschlüsselungsmethode kennenlernen und ihr Wissen aus der Unterrichtsreihe einbringen. Die genannte Verschlüsselungsmethode stellt die Caesar-Scheibe als Substitutionschiffre dar. Im Projekt *Informatik an Grundschulen* umfasst die Erarbeitung der Caesar-Scheibe eine eigene Unterrichtsstunde – aus Zeitgründen wurde sie in die geplante Unterrichtsreihe nicht einbezogen. Die Materialien aus dem Projekt wurden zur Durchführung des Interviews verwendet[19]. Dabei wurde zunächst *Brief 6* vorgelesen und es wurden Fragen zum bisherigen Wissensstand zu eben dieser Verschlüsselungsmethode gestellt. Dies geschah mittels der Fragen: *Hast du die Caesar-Scheibe schon einmal gesehen? Weißt du vielleicht schon, wie man damit arbeitet?* Im Anschluss wurde gefragt: *Hast du eine Idee, wie die Caesar-Scheibe genutzt werden kann?* Nach der Entschlüsselung einer vorbereiteten Nachricht[20]

---

[18] Siehe Anhang 3.1 im elektronischen Zusatzmaterial.

[19] Sowohl *Brief 6*, ein Bildnis einer Caesar-Statue, als auch die Caesar-Scheibe wurden hier mit einbezogen, siehe Anhang 3.2 im elektronischen Zusatzmaterial. Erklärung Caesar-Chiffre: „Der römische Feldherr Julius Caesar [...] verschlüsselte seine geheimen Nachrichten, indem er jeden Buchstaben durch einen anderen ersetzte. Dabei wurde der Buchstabe immer durch den um eine bestimmte Anzahl von Stellen im Alphabet verschobenen Buchstaben ersetzt [...] Die Zahl der Stellen heißt Caesar-Schlüssel, das Verfahren nennt sich Caesar-Chiffre bzw. Caesar-Verschlüsselung. Man spricht bei dieser Art der Verschlüsselung von einer mono-alphabetischen Substitution. Mono-alphabetisch bedeutet hierbei, dass nur ein einziges, festgelegtes Alphabet zum Einsatz kommt. Als Substitution wird dieses Verfahren bezeichnet, da die einzelnen Zeichen durch vorhandene Zeichen ausgetauscht bzw. ersetzt werden [...]. Praktisch lässt sich das Verfahren [...] durch zwei sich überlagernde Scheiben realisieren" (Fricke & Humbert, 2019, KR14). Diese Scheiben wird im Folgenden als *Caesar-Scheiben* bezeichnet.

[20] Es wurde die Nachricht „KDOOR NLQGHU" mit dem Caesar-Schlüssel 3 gegeben, welche entschlüsselt „Hallo Kinder" ergibt.

wurde den Kindern eine Frage zur Bedeutung des Caesar-Schlüssels[21] auf der Scheibe gestellt. Diese lautete: *Was bedeuten die Zahlen in der Mitte?* Darauffolgend sollte das Kind mit der Caesar-Scheibe selbst eine beliebige Nachricht verschlüsseln.

Das Interview schloss mit einer Wertung bzw. Beurteilung der Kinder, welche Verschlüsselungsmethode sie verwenden und als sicher bezeichnen würden. Dazu wurden folgende Fragen gestellt: *Welche Methode würdest du nutzen, um deine Nachrichten zu verschlüsseln? Welche ist die sicherste? Warum?*

Die Aufgaben wurden entsprechend der Anforderungsbereiche der Bildungsstandards konzipiert, um verschiedene Ebenen des Wissens abzufragen. Demnach sind die ersten beiden Aufgaben – die Wiederholung der Freimaurerverschlüsselung und der Arbeit mit der Skytale – dem *Anforderungsbereich I: Reproduzieren* zuzuordnen. „Das Lösen der Aufgabe erfordert Grundwissen und das Ausführen von Routinetätigkeiten" (Käpnick & Benölken, 2020, S. 26). Das Erarbeiten des Verfahrens der Caesar-Scheibe ist unter *Anforderungsbereich II: Zusammenhänge herstellen* einzuordnen. „Das Lösen der Aufgabe erfordert das Erkennen und Nutzen von Zusammenhängen" (Käpnick & Benölken, 2020, S. 26). Hierbei sollen die Kinder die Zusammenhänge zu bereits bekannten Verschlüsselungsarten ziehen, um das Übertragen der Algorithmen herbeizuführen. Die Bewertung der Sicherheit der Verfahren ist in A*nforderungsbereich III: Verallgemeinern und Reflektieren* einzuordnen. „Das Lösen der Aufgabe erfordert komplexe Tätigkeiten wie Strukturieren, Entwickeln von Strategien, Beurteilen und Verallgemeinern" (Käpnick & Benölken, 2020, S. 26).

Die Interviews werden im Folgenden vorgestellt und mit der Interaktionsanalyse nach *Krummheuer* analysiert. Dabei wird immer etwa der gleiche Interviewausschnitt analysiert, welcher sich auf die Bearbeitung der dritten Aufgabe – also auf die Erarbeitung des Codierverfahrens mit der Caesar-Scheibe – bezieht.

4.2.3.1 1. Interview: Kind E

Kind E hat sich im Unterrichtsgeschehen meist zurückgehalten. Generell ist sie eine eher passive Schülerin, wenngleich sie dem Unterrichtsgeschehen aufmerksam folgt. In der Partner:innenarbeit war sie oft aufgrund von Auseinandersetzungen mit ihrem Partner abgelenkt.

Die folgenden Interviewausschnitte sind während des Bearbeitens von *Aufgabe 3* entstanden. Die beiden ersten Aufgaben waren eine Wiederholung der im Unterricht bearbeiteten Aufgaben. Es folgt die Einführung einer neuen Codierungsart

---

[21] Den Kindern wurde dabei der Fachbegriff nicht nähergebracht, der Caesar-Schlüssel wurde lediglich als *Zahl* bezeichnet.

mittels Substitution. Zur Einführung dieser wurde E bereits *Brief 6* vorgelesen, ein Bildnis von einer Caesar-Statue und die Codierscheibe vorgelegt. Vor Beginn des Ausschnitts wurde zudem erfragt, ob E die Caesar-Scheibe schon einmal gesehen hat, was sie bejahte. Gearbeitet hat sie nach eigenen Angaben mit der Code-Scheibe noch nicht.

Tabelle 4.3 Phase 1 Kind E

1	I	Okay, du weißt noch nichts. Das ist überhaupt gar kein Problem, wir haben ja jetzt genug Zeit, dass du sie ein bisschen kennenlernen kannst. Wenn du dir die Scheibe anguckst, hast du vielleicht schon eine Idee, also du kannst dir jetzt ruhig auch ein bisschen Zeit dafür nehmen, wie man die Scheibe nutzen könnte?
2	E	Weiß ich nicht. Aber hier ist so ein Loch und da drunter sind irgendwelche Zahlen.
3	I	Genau, das stimmt. Das ist schonmal auffällig. Und was siehst du noch so auf der Scheibe?
4	E	Zwei Kreise und auf beiden sind Buchstaben. Die vom Alphabet.

Zu Tabelle 4.3:
Äußerung 1: Die Interviewerin versucht einzuleiten, dass E über die mögliche Nutzung der Caesar-Scheibe nachdenken soll. Dabei versucht die Interviewerin, den Druck für E aus der Situation herauszunehmen und betont, dass sie sich Zeit lassen kann.

Äußerung 2: E verneint, eine Idee zur Nutzung der Caesar-Scheibe zu haben. Im nächsten Schritt beschreibt sie die Auffälligkeit, dass unter einem „Loch" mehrere Zahlen zu sehen sind. Sie beginnt also von sich aus mit der Beschreibung der Scheibe.

Äußerung 3: Mit dieser Äußerung nimmt die Interviewerin die vorher getätigte partielle Beschreibung auf und animiert E zur weiteren Beschreibung der Caesar-Scheibe.

Äußerung 4: Auf die vorherige Frage eingehend verdeutlicht E den Aufbau der Caesar-Scheibe, indem sie die beiden Scheiben mit den Buchstaben des Alphabets beschreibt. Somit hat sie den gesamten Aufbau der Scheibe dargestellt.

In *Phase 1* wird deutlich, dass E bisher keine Anregung zur Nutzung der Caesar-Scheibe zur Verschlüsselung hat. Die Fragen hinsichtlich der Nutzung sind bisher unspezifisch und auf kein konkretes Beispiel bezogen. E beschreibt in dieser Phase die Scheibe vollständig. Dies geschieht teils aus eigenem Antrieb und teils auf Nachfrage der Interviewerin. Es ist also Neugier von E am Thema bzw. an der Scheibe zu erkennen.

Tabelle 4.4 Phase 2 Kind E

5	I	Genau, auf beiden Scheiben, auf der kleineren und auf der größeren sind die beide drauf, die Buchstaben. (…) Ich habe dir jetzt einen Satz mitgebracht, das ist dieser Satz oder naja, es sind zwei Wörter, und genau das ist der Satz von Alice und sie hat ja gesagt, die Zahl ist 3. Und das ist der Satz, den du entschlüsseln sollst. Hast du eine Idee, wie du das machen kannst?
6	E	Nein.
7	I	Hast du vielleicht eine Idee, was mit der Zahl 3 gemeint sein könnte oder wie man die nutzen kann?
8	E	Vielleicht da (zeigt auf die Stelle an der Caesar-Scheibe, wo die Zahl eingestellt werden kann). Oder vielleicht das C, weil das der dritte Buchstabe ist?

Zu *Tabelle 4.4*:

Äußerung 5: Nach der Beschreibung der Scheibe von E versucht die Interviewerin nochmals, das Kind zu Ideen zum Arbeiten mit der Caesar-Scheibe zu befragen. Im Gegensatz zur letzten Befragung passiert dies mit Hilfe eines konkreten Satzes und einer konkreten Verschlüsselungszahl. Durch diese Greifbarkeit der Situation könnten dem Kind andere Ideen zur Verschlüsselung kommen.

Äußerung 6: E äußert, dass sie keine Idee hat, wie mit den konkreten Angaben und der Caesar-Scheibe gearbeitet werden kann.

Äußerung 7: Nachdem E keine Beschreibungen zu Entschlüsselungen angeben konnte, versucht die Interviewerin die Aufgabe weiter einzugrenzen und die Bedeutung der Zahl der Caesar-Scheibe zu erfragen. Dies wird an dem konkreten Beispiel der Zahl 3 realisiert.

Äußerung 8: Auf diese Frage antwortet E direkt mit zwei verschiedenen Ideen: Zunächst schlägt sie vor, dass die gegebene Zahl vermutlich mit der verstellbaren Zahl auf der Caesar-Scheibe korrelieren könnte. Die zweite Idee bezieht sich darauf, dass das *C* als dritter Buchstabe im Alphabet steht. Vermutlich sieht E hier in Grundzügen den Zusammenhang, der für die verstellbare Zahl auf der Caesar-Scheibe wichtig ist.

In *Phase 2* wird die unspezifische Fragestellung aus *Phase 1* spezifiziert und an einem konkreten Beispiel erfragt, ob E Ideen zur Verschlüsselung hat. Nach Verneinung wird die Frage weiter eingegrenzt, indem sie sich lediglich auf die

Tabelle 4.5 Phase 3 Kind E

9	I	Du kannst ja mal versuchen, die erste Idee, die du hattest war schon ziemlich gut, dass du hier die Zahl 3 einstellst. Also da musst du vielleicht ein bisschen herumsuchen, bis du die Zahl 3 da gefunden hast.
10	E	Hab ich.
11	I	Ach, du hast schon.
12	E	(unv.)
13	I	Auf jeden Fall kannst du jetzt sehen, wo das A ist zum Beispiel außen das D ist. Und hier steht ja auch dran, dass außen der Geheimtext und innen der Klartext ist. Und hättest du jetzt eine Idee – wenn wir das einfach erstmal so liegen lassen die Scheibe, dass das so bleibt – wie du das hier entschlüsseln könntest. Also wenn du dir zum Beispiel hier erstmal nur den ersten Buchstaben anguckst, also erstmal das K anguckst.
14	E	Dann kommt das M und das (unv.). Könnte so sein eigentlich.
15	I	Wie bist du gerade von K auf das M gekommen? Müsstest du mir einmal erklären.
16	E	Das K ist drin und das M ist draußen, drüber. (zeigt auf Code-Scheibe)
17	I	Das ist schonmal eine sehr gute Idee, aber hier steht das außen der Geheimtext ist, also du musst noch einmal umdenken sozusagen, das ist ein bisschen kompliziert, dass du sozusagen außen das K suchst.
18	E	Dann kommt das H. Genau, das H kommt dann.
19	I	Wenn du magst, dann kannst du das schonmal aufschreiben und dann kannst du gucken, dass du alle Buchstaben einmal in der Art übersetzt. Das hast du schon richtig gut gemacht.
20	E	Dann kommt da das D und dann kommt da das A. Unter dem U ist das L. (…)

Bedeutung der Zahl auf der Caesar-Scheibe bezieht. Hier stellt E zwei Vermutungen auf: Zunächst überlegt sie fachlich korrekt, dass sie mit der verstellbaren Zahl zusammenhängt. Die zweite Vermutung bezieht sich auf die Bedeutung der verstellbaren Zahl der Caesar-Scheibe. Auch diese Vermutung ist korrekt.

Zu Tabelle 4.5:
Äußerungen 9–13: Hier gibt die Interviewerin mehrere Impulse, die von E ausgeführt werden, um auf die Funktionsweise der Verschlüsselungsmethode hinzuweisen. Zum Ende der Äußerungen wird der zu betrachtende Rahmen auf einen Buchstaben eingeschränkt, um die Anforderung weiter zu vereinfachen. Die Frage nach der Funktionsweise der Scheibe bleibt die gleiche. E hat im Anschluss die Zahl 3 auf der Scheibe eingestellt und betrachtet lediglich den ersten Buchstaben der Nachricht, das *K*.

Äußerung 14: E liest den Buchstaben M auf der Scheibe ab und vermutet, dass dies die richtige Verschlüsselungsmethode ist. Sie würde den Buchstaben *K* also vermutlich als *M* entschlüsseln.

Äußerung 15: Die Interviewerin hat die vorherige Aussage als nicht eindeutig genug wahrgenommen und fragt deshalb E nach einer ausführlicheren Erläuterung.

Äußerung 16: E erklärt, dass das *K* und das *M* bei der Caesar-Scheibe übereinanderstehen (wenn die Zahl 3 eingestellt ist). Dabei ist laut Aussage das K auf der inneren und das *M* auf der äußeren Scheibe zu sehen.

Äußerung 17: Zunächst wird die richtige Idee von der Interviewerin gelobt. Aufgrund der Notation auf der Scheibe gibt die Interviewerin den Impuls, zwischen innerer und äußerer Scheibe genauer zu differenzieren.

Äußerung 18: E setzt den Impuls direkt um. Sie meint mit der Aussage vermutlich, dass sie nun das *K* als *H* decodieren würde.

Äußerung 19: Die Interviewerin gibt den Tipp, das Entschlüsselte aufzuschreiben. Entweder soll dies zur besseren Dokumentation des Interviews führen oder dazu beitragen, die Überschaubarkeit während des Decodierprozesses zu gewährleisten. Zudem gibt sie die Anweisung, dass alle Buchstaben jetzt einzeln decodiert werden müssen, wie bereits aus den anderen Verschlüsselungsverfahren bekannt ist. Die Interviewerin lobt E.

Äußerung 20: Die Verschlüsselung wird durch E fortgesetzt. Sie entschlüsselt das *D* als *A* und das *U* als *L*. Den Rest entschlüsselt sie ohne Kommentare ihrerseits.
   In *Phase 3* des Interviews wird die Betrachtung ein weiteres Mal eingegrenzt. Dabei wird E dazu angeleitet, die Scheibe richtig einzustellen und sich lediglich den ersten Buchstaben der verschlüsselten Nachricht anzusehen. Der erste Impuls dafür kam von E und wurde in der vorherigen Phase besprochen. Durch diese verschiedenen Eingrenzungen hat E eine Idee zur Entschlüsselung. Die Idee ist in den Grundzügen richtig, es wird lediglich ein weiterer Impuls zur klaren Abgrenzung der beiden Scheiben gegeben.

Interpretation:
Zusammenfassend kann festgestellt werden, dass E während des Interviewausschnittes die fachlich korrekte Entschlüsselungsmethode der Caesar-Scheibe entdeckt. Durch die immer spezifischeren Fragen der Interviewerin wird E dabei zur richtigen Lösung geleitet; sie bringt dennoch eigene Impulse ein. Zu Beginn werden Ideen zur allgemeinen Vorgehensweise der Caesar-Scheibe abgefragt,

welche E nicht beantworten kann. Durch das Einbringen des Beispiels, was einerseits die Situation spezifiziert, andererseits auch den Beginn des informatischen Modellierungskreislaufes markiert[22], wird E die Aufgabenstellung vermutlich bewusster. Als im Anschluss die einzustellende Zahl thematisiert wird, hat das Kind eine Idee zur Entschlüsselung, welche grob korrekt ist. Es kann aufgrund der vielen Hinweise und Eingrenzungen nicht davon ausgegangen werden, dass das Kind die richtige Lösung selbstständig erarbeitet hätte.

Teile des informatischen Modellierungskreislaufes lassen sich in dem interpretierten Interviewausschnitt wiederfinden[23]. Zunächst steht das Kind vor einer Situation, welches ein Problem in unserer realen Welt darstellt. Es hat in der Aufgabe eine Nachricht von Alice bekommen, die es mit Hilfe der Caesar-Scheibe entschlüsseln soll (*Äußerung 5*). Die Formalisierung zu einem Modell in der informatischen Welt geschieht mit Hilfe der Interviewerin: Durch verschiedene Impulse – wie der immer eingeschränkteren Betrachtung einzelner Teilaspekte des Codierungsvorgangs und der mündlichen Strukturierung des Ablaufs –wird die Aufgabe von der realweltlichen Problemstellung zunächst gelöst und in die Welt der Informatik transferiert (*Äußerung 1–12*). Im Weiteren wird die Nachricht zu Konsequenzen hin verarbeitet. Dieser Schritt wird ebenfalls durch Impulse der Interviewerin angeleitet und korrigiert, wird aber von E selbstständig bearbeitet (*Äußerung 13–20*). Das Interpretieren des Ergebnisses geschieht nicht mehr in dem hier analysierten Interviewausschnitt, im weiteren Verlauf des Interviews wird dieser aber durch das Zusammensetzen und Vorlesen der Nachricht getätigt[24].

Auch die Problemlöseschritte nach *Polyá* sind in dem analysierten Ausschnitt wiederzufinden[25]. Da in den Phasen verschiedene Probleme gelöst werden, wird im Folgenden exemplarisch der Abschnitt zwischen *Äußerung 13* bis *Äußerung 20* betrachtet. Das Aufgabenverständnis, welches als erster Schritt erfolgen sollte, kann nicht explizit nachvollzogen werden. Aufgrund der nicht gestellten Rückfragen zum Thema kann davon ausgegangen werden, dass dies geschehen ist. In *Aussage 14* wird das Ausdenken eines Plans deutlich. Hier äußert das Kind eine vermutete Vorgehensweise. Nach einer graduellen Berichtigung des Planes in *Aussagen 15–19* wird der Plan in *Aussage 20* durchgeführt. Eine Rückschau des Planes ist in dieser Phase nicht zu finden.

---

[22] Dies geschieht durch das Einführen bzw. die Erinnerung an das realweltliche Problem. Weitere Ausführung siehe nächster Abschnitt.

[23] Siehe Abschnitt 2.2.1.

[24] Siehe Anhang 3.3.1 im elektronischen Zusatzmaterial.

[25] Siehe Abschnitt 2.2.2.

Die Nutzung des informatischen Modellierungskreislaufes und der Problemlöseschritte deuten darauf hin, dass E die grundlegende informatische Arbeitsweise verinnerlicht hat. Sowohl der Kreislauf als auch die Schritte wurden im Unterricht nicht unmittelbar besprochen. Die Nutzung dieser prozessbezogenen Kompetenzen wird, wie bereits diskutiert, durch informatische Bildung geschult. Dieser Rückbezug auf informatische Kompetenzen kann nicht direkt hergestellt werden[26]. Ein Zusammenhang liegt dennoch nahe. Dabei ist zu beachten, dass das Kind die korrekte Lösung lediglich mit deutlicher Hilfestellung seitens der Interviewerin erreicht hat.

4.2.3.2 2. Interview: Kind F

Kind F hat sich im Unterrichtsverlauf bei fast allen Fragen gemeldet und viel Vorwissen einbringen können.

Der ausgewählte Interviewausschnitt zeigt ebenfalls die Bearbeitung von *Aufgabe 3*. *Brief 6* wurde bereits vorgelesen und F hat die Caesar-Scheibe erhalten. Anschließend hat er eigene Vermutungen zur Codierungstechnik geäußert. Dabei wurde unter anderem die fachlich korrekte Idee kommuniziert, dass die gegebene Zahl auf der Scheibe eingestellt werden soll. Zudem wurde als Vorwissen angegeben, dass die Scheibe zwar bekannt, aber noch nicht mit ihr gearbeitet worden sei.

Zu *Tabelle 4.6*:
Äußerung 1: Die Interviewerin stellt zunächst als Arbeitsauftrag vor, dass das Kind eine Vermutung über die Nutzung der Caesar-Scheibe äußern soll. Sie erwähnt, dass F bereits Vermutungen zur Bearbeitungsweise angestellt hat. Zudem wird deutlich, dass F im Idealfall laut denken soll. Dies geschieht, um die Interviewsituation reichhaltig zu gestalten.

Äußerung 2: Das Kind liest von der Caesar-Scheibe ab, dass zunächst ein Code eingestellt werden soll. Daraufhin sucht es die Scheibe ab – vermutlich sucht F dabei einen Code.

Äußerung 3: Die Interviewerin gibt den Impuls, dass mit dem Code die Zahl aus dem Brief gemeint sei, an welche dadurch erinnert wird. Das ist vor dem

---

[26] Dies ist vor allem mit dem Versuchsdesign zu erklären. Wären Prä-Post-Interviews durchgeführt worden, könnte dieser Rückbezug hergestellt werden. Die Kompetenzen im Modellieren und Problemlösen können allerdings auch durch anderen (mathematischen) Unterricht entstanden sein. Hierbei sei z. B. auf die Parallelen zwischen mathematischem und informatischem Modellierungskreislauf hingewiesen.

Tabelle 4.6 Phase 1 Kind F

1	I	[...] Du hast ja auch gerade schon angefangen und überlegt, wie man damit vielleicht schon Sachen entschlüsseln kann. Magst du vielleicht mal laut Denken sozusagen, was du denkst, wie man Sachen entschlüsseln kann?
2	F	Hier steht 1. Code einstellen – vielleicht steht hier ja irgendwo ein Code. (...) (Sucht Caesar-Scheibe ab)
3	I	Hinter dem Code einstellen steht ja 1–25 und es wurde ja gerade schon eine Zahl genannt in dem Brief.
4	F	Welche denn?
5	I	Die 3. Also das hat Alice geschrieben.
6	F	Soll ich die 3 jetzt hier einstellen?
7	I	Du kannst da schonmal die 3 einstellen und dann kannst du es so hinlegen, damit es nicht mehr verrutscht. [...]

Hintergrund zu sehen, dass das Einstellen der gegebenen Zahl zuvor schon korrekt beschrieben worden ist.

Äußerung 4–7: In dieser Sequenz wird die Zahl noch einmal rekapituliert und von F auf der Code-Scheibe eingestellt. Zudem wird durch die Interviewerin der Tipp gegeben, die Scheibe danach auf den Tisch zu legen, um die Fehleranfälligkeit durch Verrutschen der Scheiben zu eliminieren.

In *Phase 1* des Interviews wird das Einstellen des Codes behandelt. Trotz der Äußerung der korrekten Vermutung sucht er nach alternativen Ideen. Dabei liest der Schüler die Anweisungen auf der Scheibe, ist aber unsicher bei der Umsetzung. Das Problem ist vermutlich, dass er entweder die gegebene Zahl nicht als Code ansieht[27] oder sich an die gegebene Zahl nicht erinnert. Trotz vorheriger fachlich korrekter Anregung von F werden aus diesem Grund Impulse von der Interviewerin gegeben, um die Caesar-Scheibe richtig einzustellen.

Zu *Tabelle 4.7*:
Äußerung 8: Die Interviewerin stellt die Frage, ob F eine Idee zur Funktionsweise der Caesar-Scheibe hat. Dabei ist die Scheibe – wie in *Phase 1* beschrieben – bereits eingestellt.

---

[27] Ein Verbesserungsvorschlag zur Umsetzung der Caesar-Scheibe wäre in diesem Rahmen, anstatt *Code einstellen Zahl einstellen* als Anweisung auf die Scheibe zu drucken. Dieses Problem ist im Zusammenhang damit zu erklären, dass das Wort *Code* nicht als Fachwort eingeführt worden ist.

Tabelle 4.7 Phase 2 Kind F

8	I	[…] Und dann mal überlegen, was du eventuell denkst, wie man damit arbeiten kann. Also, ob du eine Idee hast.
9	F	Ich weiß es! Das A ist das X, das B ist das Y, das C ist das Z, das D ist das A.
10	I	Perfekt. Besser hätte ich es nicht erklären können. Okay, und du musst immer darauf achten, das steht hier auch nochmal kurz erklärt –
11	F	(unv.) außen.
12	I	Genau, das außen ist der Geheimtext. Also außen ist das, was verschlüsselt ist sozusagen und innen ist dann das, was normales Deutsch ist.
13	F	Also ist das X das A? Oder ist das A das X?
14	I	Das A ist das X. […]

Äußerung 9: F kommuniziert eine mögliche Methode im Umgang mit der Caesar-Scheibe, indem er die potenzielle Entschlüsselung der einzelnen Buchstaben vorliest. Hierbei ist aufgrund der Angaben davon auszugehen, dass die Methode in Grundzügen korrekt ist. Der Algorithmus wird von F dabei nicht beschrieben.

Äußerung 10: Zunächst lobt die Interviewerin F. Danach deutet sie auf die Aufschrift auf der Scheibe, welche bereits in *Phase 1* von F mit einbezogen worden ist. Die Aussage wird durch F unterbrochen, was darauf hindeutet, dass er selbstständig einen Lösungsansatz gefunden hat.

Äußerung 11: Aus dem Zusammenhang lässt sich schließen, dass F hier eine richtige Äußerung über die Nutzung der Caesar-Scheibe mit Bezug auf die Bedeutung der beiden Scheiben tätigt. Leider ist die Äußerung teilweise unverständlich.

Äußerung 12: Die Interviewerin unterstützt die Idee von F und erklärt noch einmal in eigenen Worten, welche Scheibe welchen Code anzeigt. Das geschieht vermutlich um die Aussage zu unterstreichen und das Verständnis zu unterstützen.

Äußerung 13–14: Nach einer Nachfrage von F in Bezug auf die Unterschiede der beiden Scheiben löst die Interviewerin die Frage noch einmal auf.

In *Phase 2* des Interviewausschnittes wird das Verschlüsselungsverfahren der Caesar-Scheibe erarbeitet. Das geschieht nicht am konkreten Beispiel, sondern vor allem durch Impulse und Ideen von F. Die Interviewerin weist lediglich auf einige Schwierigkeiten hin. Es kann darauf geschlossen werden, dass F die Methode weitgehend selbstständig erarbeitet hat.

Interpretation:

Zusammenfassend hat F die richtigen Impulse eingebracht, um gewinnbringend mit der Caesar-Scheibe zu arbeiten. In *Phase 1* kam es zu einer Unsicherheit bezüglich der gegebenen Zahl. Dabei wurde eine Hilfestellung benötigt. Die richtigen Ideen wurden von F allerdings schon zu Beginn geäußert. Mutmaßlich kann davon ausgegangen werden, dass F mit mehr Bearbeitungszeit selbstständig das Einstellverfahren des Codes verstanden hätte[28]. Die korrekte Nutzung der Caesar-Scheibe wurde ebenfalls von F erarbeitet – der Impuls der Interviewerin wäre hierbei nicht nötig gewesen. Die Unterscheidung der beiden Codierscheiben wäre vermutlich im weiteren Verlauf der Entschlüsselung auch ohne diesen Impuls in den Fokus gerückt. Es kann also davon ausgegangen werden, dass F sich den Umgang mit der Caesar-Scheibe selbstständig hätte erschließen können.

Der informatische Modellierungskreislauf ist in der Aufgabenbearbeitung nur unvollständig erkennbar. Zunächst wird das realweltliche Problem mittels des Briefes vorgestellt. Die gesamte Aufgabenbearbeitung erfolgt innerhalb der Informatik, ohne weiteren Bezug auf die Aufgabe zu nehmen. Das wird auch durch die Aussage der Interviewerin in *Äußerung 1* provoziert, da sie nicht mehr auf die Aufgabe aus dem Brief eingeht, sondern nur nach einer möglichen Vorgehensweise zur Codierung fragt. Dadurch wird das Modell erschaffen. Im Verlauf zwischen *Äußerung 2* und *Äußerung 9* wird die Verarbeitung dieses Modells erarbeitet. Die Konsequenzen an sich, welche die Tätigkeit der Entschlüsselung umfassen würde, werden in dem Textausschnitt nicht gezogen. Die Rückführung in die realweltliche Lösung oder die Validierung wird nicht thematisiert.

An diesem Interview sind die Problemlöseschritte nach *Polyá* zweimal gut erkennbar. Der erste Schritt, das Verstehen der Aufgabe, wird hier nicht thematisiert, da keine Rückfragen seitens F erfolgt sind. Dadurch – und aus Gründen der problemlosen Durchführung – kann davon ausgegangen werden, dass die Aufgabe verstanden worden ist. Der nächste Schritt – Ausdenken eines Plans – ist zum Beispiel in *Äußerungen 3–6* erkennbar: Der Plan ist hier, dass die Zahl bzw. der Code auf der Scheibe eingestellt werden soll. Dieser wird im Folgenden auch ausgeführt (*Äußerung 7* deutet darauf hin). Eine Prüfung findet nicht direkt statt. Ebenso wird in *Äußerungen 8–14* deutlich, dass F hier einen Plan überlegt, welchen er im Anschluss ausführt, indem er die Nachricht entschlüsselt[29]. Auch hierbei wird die Prüfung nicht konkret umgesetzt.

---

[28] Eine andere Möglichkeit wäre eine andere Herangehensweise an den Fachbegriff *Code*, welcher von der Interviewerin bzw. innerhalb der Unterrichtsreihe von der LP geschehen müsste.

[29] Dieser Schritt ist nicht im Interviewausschnitt erkennbar, allerdings im Transkript zu finden. Siehe Anhang 3.5.1 im elektronischen Zusatzmaterial.

Analog zu Kind E wird hier durch die Nutzung dieser Konstrukte deutlich, dass die informatische Denkweise bei F verinnerlicht worden ist. Die rudimentäre Nutzung des informatischen Modellierungskreislaufes deutet dabei nicht unbedingt darauf hin, dass das Kind die informatische Modellierung nicht beherrscht. Eine mögliche Erklärung hierbei wäre der vom realweltlichen Problem gelöste Kontext, welcher wie besprochen von der Interviewerin geschaffen worden ist. Bei diesem Kind wird durch die eigenständige fachlich korrekte Bearbeitung der Aufgabe, welche nur an wenigen Stellen der Unterstützung bedarf, die Verinnerlichung der informatischen Denkweise offenkundig deutlich.

4.2.3.3 Interview: Kind A

Kind A ist während der gesamten Unterrichtsreihe sehr interessiert und hat motiviert am Unterrichtsgeschehen teilgenommen. Sie meldete sich bei fast jeder Frage und konnte produktive Antworten geben. Sie äußerte dabei, dass ihr viele Codierungstechniken – wie beispielsweise die Skytale – bereits aus der Freizeit bekannt waren.

Der ausgewählte Ausschnitt setzt ebenfalls bei *Aufgabe 3* an, direkt nach dem Vorlesen des Briefes. Die ersten beiden Aufgaben wurden ohne Probleme gelöst und detailliert erläutert. Es wurden bis dahin keine Fragen gestellt.

Tabelle 4.8 Phase 1 Kind A

1	A	Der Caesar-Code. Habe ich auch aus einer von meinen drei Ausrufezeichen.
2	I	Ach, du kennst dich schon aus.
3	A	((lacht)) ja.
4	I	Interessant. Da können wir gleich noch drüber reden.
5	A	Zum Beispiel der Caesar-Code der ist so, dass man das halt um vier weiterbewegt. (Dreht an Caesar-Scheibe). Und dann ist halt das A ein W und das B ein X und das C ein Y, das D ein Z, das E ein A, das F ein B, das G ein C.
6	I	Okay, du kennst dich ja schon richtig, richtig gut aus. Also kann ich mir die ersten beiden Fragen – die erste Frage war nämlich: Hast du die Scheibe schonmal gesehen? Anscheinend ja.
7	A	Ja, auch aus Exit. Da gibt es auch solche Scheiben.

Zu *Tabelle 4.8*:
Äußerung 1–4: A benennt hier die im Brief vorgestellte Codierungstechnik korrekt als Caesar-Code. Sie erklärt, dass ihr diese Bezeichnung aus einem Buch

bzw. Hörbuch bekannt ist. Daraufhin wird besprochen, dass A sich mit der Vorgehensweise einer Caesar-Scheibe bereits auskennt. Es bleibt zunächst offen, was genau das bedeutet. Möglich wäre dabei entweder, dass die gesamte Verschlüsselungsmethode bekannt ist oder lediglich die Nutzung der Scheibe in dem Buch angesprochen worden ist.

Äußerung 5: A erklärt selbstständig die Funktion der Caesar-Scheibe. Die Beschreibung ist fachlich korrekt. Dabei erklärt sie sowohl die Verschiebung als auch die Funktionsweise der Verschlüsselung. Sie geht nicht auf die Bedeutung des Caesar-Schlüssels ein, was damit zu erklären ist, dass nicht bei allen Caesar-Scheiben mit einer visualisierten Zahl gearbeitet wird[30].

Äußerung 6–7: Die Interviewerin wiederholt, dass A die Scheibe schon bekannt sei und die geplanten Fragen deshalb nicht gestellt werden müssen. Dabei äußert A, dass ihr die Scheibe auch aus den Exit-Spielen[31] bekannt sei.

In *Phase 1* des Interviewausschnitts wird das breite Vorwissen von A deutlich. Sie kennt bereits sowohl die Caesar-Scheibe als auch Scheiben mit ähnlichen Funktionen aus unterschiedlichen außerunterrichtlichen Kontexten. Dabei kann sie die Funktionsweise der Codierungsmethode schon vor Beginn der Einheit fachlich korrekt erklären.

Zu *Tabelle 4.9*:
Äußerung 8: Die Interviewerin stellt die Aufgabe, den Satz aus dem Brief zu entschlüsseln und gibt dabei den Satz und die dazugehörige Zahl an.

Äußerungen 9–10: Während A entschlüsselt, gibt die Interviewerin ungefragt den Impuls zur Unterscheidung der inneren und äußeren Scheibe. A hat bis dahin mutmaßlich intuitiv oder aus Wissen richtig gehandelt und die Scheibe richtig genutzt.

Äußerung 11: A beendet die Decodierung und erhält das Wort *Nallo*, welches sie fragend formuliert. Vermutlich drückt dies eine Irritation aus, da dieses Wort im Deutschen Wortschatz nicht existiert. Hier wird also deutlich, dass A nicht nur die einzelnen Buchstaben entschlüsselt, sondern ebenfalls den Zusammenhang zwischen den Buchstaben als Überprüfungsmöglichkeit ansieht.

---

[30] Mutmaßlich ist ihr eine solche Scheibe ohne visualisierten Caesar-Schlüssel bereits bekannt.

[31] Es handelt sich dabei um Escape-Spiele in Brettspielform, in welchen eine ähnliche Scheibe zur Lösung der Rätsel bereitgestellt wird. Weitere Informationen: https://www.exit-das-spiel.de/content/ (zuletzt aufgerufen: 12.01.2022).

Tabelle 4.9 Phase 2 Kind A

8	I	Genau, bei den Exit-Spielen. Ach, die hast du auch gespielt. Okay, dann hast du ja auch schon super erklärt, wie man das nutzt. Dann habe ich einmal einen Satz für dich mitgebracht, den du einmal entschlüsseln könntest. Aber du hast ja schon wahnsinniges Entschlüsselungs-Vorwissen mitgebracht. Das ist der Satz und die Zahl ist 3.
9	A	(entschlüsselt) N – das richtige N – A.
10	I	Genau, du musst immer gucken, das steht da auch schon notiert, dass innen quasi die richtige Schrift ist und außen die Geheimschrift.
11	A	L – O. Nallo?
12	I	Ich glaube, den ersten Buchstaben musst du nochmal überprüfen. Kann sein, dass du da irgendwie falsch geguckt hast.
13	A	Ja, ich glaube nämlich eher, dass da Hallo steht.
14	I	Gut kombiniert.
15	A	Hm, hier steht aber ein E drunter.
16	I	Ja, aber du musst ja andersherum gucken, also du musst das K musst du außen suchen, also du musst hier das K suchen (zeigt auf Scheibe).
17	A	Dann ist das H.
18	I	Genau, ja da kommt man leicht durcheinander mit dem Außen und Innen.

Äußerung 12: Die Interviewerin gibt A den Hinweis, dass sie den ersten Buchstaben noch einmal überprüfen soll. Sie zielt vermutlich darauf ab, dass dieser Buchstabe nicht richtig entschlüsselt worden ist.

Äußerungen 13–14: A unterstützt die vorherige Aussage, indem sie mutmaßt, dass das Wort *Hallo* decodiert werden sollte. Sie geht also ebenfalls davon aus, dass der erste Buchstabe falsch entschlüsselt worden ist. Die Interviewerin lobt diese Aussage.

Äußerung 15: A versucht – auf Basis der vorherigen Aussagen deduzierbar – den ersten Buchstaben noch einmal zu entschlüsseln. Dabei decodiert sie ihn diesmal als *E*. Die Aussage und die vorherigen Äußerungen suggerieren, dass sie ein *H* erwartet hätte.

Äußerungen 16–18: Die Interviewerin betont die Wichtigkeit der Unterscheidung der inneren und äußeren Scheibe. A decodiert daraufhin richtigerweise den ersten Buchstaben als *H*.

In *Phase 2* des Interviewausschnitts wird deutlich, dass A die Caesar-Scheibe gewinnbringend und ohne Erklärungen gut anwenden kann. Obgleich sie einen

Großteil des ersten Wortes der Nachricht richtig decodiert hat, wurde ein Buchstabe falsch entschlüsselt. Dies ist durch die Verwechslung zwischen innerer und äußerer Scheibe zu erklären. Die Wichtigkeit dieser war A zu Beginn vermutlich nicht bewusst. Während dieser Phase wird außerdem deutlich, dass A selbstständig ein Problem in der Decodierung detektiert und behebt.

Interpretation:

Zusammenfassend wird deutlich, dass A die Bearbeitung mit der Caesar-Scheibe selbstständig umsetzen und verständlich erklären konnte. Zudem ist dem Kind möglich, einen Problemlöseprozess zu durchlaufen. Durch ihr breites Vorwissen im Bereich der Verschlüsselungstechniken, aber auch durch das Bekanntsein des konkreten Verfahrens mit der Caesar-Scheibe können keine Aussagen über die Möglichkeit zum selbstständigen Erschließen gemacht werden.

Der informatische Modellierungskreislauf kann in dem Interviewausschnitt wiedergefunden werden. Zunächst ist auffällig, dass A die Situation, welche im Brief vorgelesen worden ist, direkt in ein *Modell formalisiert*[32]. Der Anteil, welcher in der Lebenswelt stattfindet, wird von A nicht beachtet, sondern das Problem direkt abstrahiert. Die Decodierung kann als *Verarbeitung* des *Modells* zu *Konsequenzen* gesehen werden und geschieht von A ebenfalls ohne Hürde, vermutlich aufgrund der Vorkenntnisse. Eine *Interpretation* zu *Ergebnissen* findet in *Äußerung 11* statt. Hier werden – wie beschrieben – nicht nur die einzelnen Buchstaben betrachtet, sondern diese in den Wortzusammenhang gebracht. Die rein informatische Lösung wird also in die Lebenswelt übertragen. Dieses *Ergebnis* wird dann *validiert (Äußerung 13)* und für nicht adäquat empfunden, da es kein deutsches Wort (*Nallo*) darstellt. Es existiert also wieder eine problembehaftete *Situation*. Der sich daran anschließende Modellierungskreislauf wird maßgeblich durch die Interviewerin gesteuert, kann also nicht als Eigenleistung von A verstanden werden. Mit *Äußerung 12* der Interviewerin wird das lebensweltliche *Problem* wieder in die Welt der Informatik übertragen. Das geschieht durch das Lösen vom Wortzusammenhang und der Betrachtung der einzelnen Buchstaben. Danach wird zu *Konsequenzen* hin *validiert (Äußerungen 15–17)*, also eine Lösung in der informatischen Welt angegeben. Das geschieht ebenfalls durch die Decodierung des Buchstabens. Auch hier ist deutliche Hilfestellung der Interviewerin zu erkennen. Die Transferleistung in die Realwelt ist in diesem Fall nicht gegeben.

---

[32] Dies geschieht einerseits dadurch, dass A direkt nach dem Brief über die Lösung des Caesar-Schlüssels spricht (*Äußerung 1 ff.*) und andererseits durch *Äußerung 8* der Interviewerin, welche im Stellen der Aufgabe keinen Rückbezug auf den vorgelesenen Brief nimmt.

Darüber hinaus sind die Problemlöseschritte nach *Polyá* im Interviewausschnitt zu finden[33]. Das Verstehen der Aufgabe ist auch hier nicht deutlich zu erkennen. Die passende Aufgabenstellung wird in *Äußerung 8* deutlich. Der Plan wird in Äußerung 5 bereits beschrieben und ist ebenfalls in der Bearbeitung der Aufgabe nicht konkret wiederzufinden. Während *Äußerung 9* wird der Plan bzw. die Entschlüsselung durchgeführt. Die Rückschau erfolgt implizit (*Äußerungen 11/13*).

Das Nutzen des informatischen Modellierungskreislaufes – bei A wird sogar das mehrfache Durchlaufen dieses Kreislaufes deutlich – deutet darauf hin, dass das Kind informatische Problemstellungen nach gleichem Schema bearbeitet. Das lässt darauf schließen, dass sie die grundlegende informatische Arbeitsweise verinnerlicht hat. Dies geschieht, obgleich der Modellierungskreislauf nicht zum expliziten Gegenstand des Unterrichts gemacht wurde. Das Durchlaufen der Problemlöseschritte ist aufgrund der Definition der Problemaufgabe diskutierbar und wird hier deshalb nicht weiter interpretiert.

4.2.3.4   4. Interview: Kind M

Kind M hat sich einige Male im Unterrichtsverlauf in Plenumsdiskussionen eingebracht, sich aber auch häufig zurückhaltend am Unterrichtsgeschehen beteiligt. In Partner:innenarbeit arbeitete der Schüler produktiv.

Der gewählte Interviewausschnitt behandelt ebenfalls die Lösung von *Aufgabe 3*. Die ersten beiden Aufgaben wurden problemlos bearbeitet. Der Brief wurde bereits vorgelesen und geklärt, dass M die Caesar-Scheibe bisher unbekannt ist.

Zu *Tabelle 4.10*:
Äußerung 1: Die Interviewerin fragt M nach der Funktionsweise der Caesar-Scheibe. Das Erkenntnisinteresse wird allgemein formuliert, ist also nicht beispielgebunden ausgeführt worden.

Äußerung 2: M vermutet, dass die Scheibe gedreht werden muss, um mit ihr zu arbeiten. Mutmaßlich möchte er hiermit ausdrücken, dass die beiden Scheiben gegeneinander verdreht werden können.

Äußerung 3: Die Interviewerin fragt nach, was M mit der vorherigen Aussage gemeint haben könnte, da sie nicht eindeutig formuliert ist. Die Interviewerin fragt sich, was genau er mit dieser Aussage ausdrücken möchte.

---

[33] Es lässt sich diskutieren, ob es sich hierbei um eine Problemaufgabe handelt. Diese ist definiert durch Anfangs- und Endzustand und eine entsprechende Barriere (Käpnick & Benölken, 2020, S. 132 f.). Diese Barriere ist aufgrund des Bekanntseins der Verschlüsselungsmethode nicht gegeben.

Tabelle 4.10 Phase 1 Kind M

1	I	[...] Hast du eine Idee, wenn du sie dir eben anguckst, wie man mit dieser Caesar-Scheibe arbeiten kann?
2	M	Wenn man es dreht.
3	I	Ja, wie meinst du das genau mit dem, wenn man es dreht?
4	M	Also die Innenscheibe, wenn man sie dreht, dann kommen ja andere Buchstaben übereinander.
5	I	Das ist schon ein richtig guter Tipp. Und wie denkst du kann man dann damit verschlüsseln, wenn da andere Buchstaben übereinander kommen?
6	M	(…) weiß ich nicht.
7	I	Okay, da bist du dir noch nicht so sicher. Okay, ich habe dir jetzt mal einen Satz mitgebracht und da können wir dann zusammen gucken, wie man den entschlüsseln kann. Okay, die Zahl ist auf jeden Fall 3, wie Alice schon gesagt hatte. Kannst du dir vorstellen, was die Zahl – oder wo man die Zahl an der Scheibe nutzen kann?
8	M	(dreht die Scheibe und zeigt auf Zahl)

Äußerung 4: Er geht darauf ein, dass die Innenscheibe gegenüber der Außenscheibe drehbar ist. Dabei beschreibt er, dass je nach Verschiebung andere Buchstaben übereinanderstehen.

Äußerungen 5–6: M äußert auf Nachfrage, dass er trotz dieser Beobachtung keine Idee hat, wie eine Verschlüsselung mit der Caesar-Scheibe aussehen könnte.

Äußerung 7: Hier wird von der Interviewerin ein Impuls zur Nutzung der Zahl gegeben. Damit wird die vorherige Frage spezifiziert und beispielgebunden gestellt. Zudem wird damit die Aufgabenstellung des Briefes aufgegriffen.

Äußerung 8: M stellt die Zahl auf der Scheibe ein und deutet auf die Zahl.

In *Phase 1* wird von M die Beobachtung geäußert, dass die Scheibe drehbar ist und dass das vermutlich etwas mit der Verschlüsselung zu tun haben könnte. Obgleich er keine konkrete Idee zur Entschlüsselung kommuniziert, äußert er damit die Grundlagen und erste Vorschläge. Des Weiteren wird die Zahl drei auf der Scheibe korrekt eingestellt. Dies geschieht zwar durch Impuls der Interviewerin, aber ohne weitere Hinweise.

Zu Tabelle 4.11:
Äußerungen 9–12: Während die Interviewerin weitere Impulse geben möchte, äußert M, dass er eine Lösungsidee hat, von dessen Richtigkeit er überzeugt ist. Er setzt diese Idee direkt um, ohne sie zu erklären.

Tabelle 4.11 Phase 2 Kind M

9	I	Genau, hast du schon perfekt –
10	M	Okay, dann weiß ich jetzt schon die Lösung.
11	I	Du weißt schon die Lösung?
12	M	(entschlüsselt)
13	I	Ein kleiner Tipp, den ich dir noch geben kann, ist, das hier draufsteht, das außen immer, also du musst immer außen gucken und das innen sozusagen ablesen. Also innen ist das, was auf normalem Deutsch steht und außen ist das die Verschlüsselung.
14	M	(schaut in die Luft)
15	I	Hast du eine Frage? Also ich kann dir gerne auch – ein bisschen helfen. (unv.) Oder denkst du schon?
16	M	(notiert etwas)
17	I	Was schreibst du da gerade auf oder was denkst du gerade?
18	M	Die Zahlen.
19	I	Inwiefern? Magst du mir das mal erklären, was du gerade machst?
20	M	Also ich habe jetzt O-O. Dann mache ich die beiden Os übereinander und dann die Zahl.

Äußerung 13: Die Interviewerin gibt den Impuls, die innere und äußere Scheibe in ihrer Funktion zu unterscheiden, um eine problemfreie Entschlüsselung zu gewährleisten. Rückblickend ist dieser Impuls nicht gewinnbringend, da M eine andere Decodierungsmethode ausprobiert. Die Interviewerin dies zu dem Zeitpunkt noch nicht realisiert.

Äußerung 14: M beendet daraufhin das Arbeiten. Möglicherweise hat er eine Frage oder denkt über die Verschlüsselungsmethode nach.

Äußerungen 15–17: Die Interviewerin versucht, M Hilfestellung zu geben bzw. herauszufinden, was ihn gerade beschäftigt und wie er denkt.

Äußerung 18: M äußert, dass er Zahlen notiert. Das könnte die Zahl sein, welche er auf der Caesar-Scheibe eingestellt hat. Es ist nicht schlüssig, wieso er diese aufschreibt und wieso er in diesem Fall das Wort Zahl im Plural verwendet.

Äußerung 19: Die Interviewerin fragt nach, welche Zahlen gemeint sein können. Des Weiteren möchte sie erfahren, was M gerade denkt und wie er die Aufgabe bearbeitet.

Äußerung 20: M erklärt seine Lösungsstrategie. Dabei stellt er jeweils zwei nachfolgende Buchstaben auf der Caesar-Scheibe so ein, dass sie übereinanderstehen. Die Zahl, welche daraufhin in der Mitte zu sehen ist, notiert er. Es wird nicht deutlich, welche Zahl bei dieser Methode im inneren und welche Zahl im äußeren Kreis eingestellt werden muss.

In *Phase 2* führt M eine mögliche Entschlüsselungsmethode aus und erklärt sie auf Nachfrage. Diese Methode ist zwar nicht die korrekte Möglichkeit, die Caesar-Scheibe zu nutzen, allerdings auch eine kreative – wenngleich auch nicht vollständige – Methode der Nutzung. Offen bleibt die Frage, wie M weiter vorgegangen wäre, wenn er die gesamte Nachricht zu einem Zahlencode decodiert hätte. Möglicherweise ist er davon ausgegangen, dass eine Zahlenfolge als Decodierung gewünscht ist, oder er hätte die Zahlen (evtl. mit Hilfe der Caesar-Scheibe) weiter decodiert. Eine andere Möglichkeit ist, dass sich M mit diesem Problem bis dahin noch nicht beschäftigt hat, es sich hierbei also nur um eine anfängliche, spontane Idee handelt.

Interpretation:
Zusammenfassend lässt sich schlussfolgern, dass M die Aufgabe nicht selbstständig korrekt bearbeiten, aber eine Lösungsidee einbringen konnte. Wie bereits diskutiert, sind dabei einige Leerstellen in der Umsetzung erkennbar. Dennoch hat das Kind eigenständig, mit wenigen Impulsen, eine mögliche Decodierungsstrategie ausgearbeitet. Das deutet darauf hin, dass M die Grundgedanken der Codierung verinnerlicht hat und Ideen hervorbringt, dies auf andere Bereiche zu transferieren.

Im gewählten Interviewausschnitt mit M ist ebenfalls das partielle Durchlaufen des informatischen Modellierungskreislaufes erkennbar. Die Situation wurde mit Vorlesen des *Brief 6* deutlich. Hier wird das realweltliche Problem beschrieben. Die Formalisierung, also die Lösung von der Realwelt, wird bereits in *Äußerung 1* von der Interviewerin geschaffen, da hier keine Verbindung mehr zur Rahmengeschichte besteht. Demnach wird hier bereits das Modell deutlich. Der Idee des Verarbeitens (*Äußerung 10*) folgt die Durchführung dessen zu Konsequenzen (*Äußerung 12*) – was durch die Entschlüsselung geschieht. Ein Rückbezug zur Realwelt geschieht in diesem Interviewausschnitt nicht. M erkennt die inneren Widersprüche seiner Entschlüsselung in diesem Interviewausschnitt nicht durch eigenständige Validierung; er wird im weiteren Verlauf des Interviews von der Interviewerin darauf aufmerksam gemacht.

Auch die Problemlöseschritte nach *Polyá* lassen sich in diesem Interviewausschnitt wiederfinden. Das Verstehen der Aufgabe (Allgemeine Aufgabe: *Äußerung 1*; Spezifischere Aufgabe: *Äußerung 7*) scheint keine Schwierigkeiten

mit sich zu bringen, da von M keine Nachfragen gestellt werden. Das Ausdenken des Plans ist in *Äußerung 2* und *Äußerung 4* erkennbar. Der Plan ist hier,
wie M mit der Caesar-Scheibe arbeitet. In *Äußerung 10* wird deutlich, dass der
Plan ausgereift ist, um damit zu entschlüsseln. Er führt den Plan der Decodierung
durch, wie in *Äußerungen 12–16* zu erkennen. Die Rückschau findet hier nicht
statt, wird nach diesem Interviewausschnitt aber von der Interviewerin angeleitet.
Hierbei wird nicht auf die Probleme der erstellten Lösung eingegangen, sondern
lediglich das korrekte Lösungsverfahren vorgestellt[34].

Zusammenfassend lässt sich – wie bereits bei den anderen Interviews – sagen,
dass durch das Durchlaufen der Problemlöseschritte bzw. des Modellierungskreislaufes informatische Grundstrukturen in der Denkweise von M erkennbar sind.
Obgleich er einen fachlich inkorrekten Lösungsansatz durchführt, durchläuft er
diese Schritte. Die fachliche Korrektheit ist in diesem Fall für das Erlernen von
Prozesskompetenzen nur eingeschränkt von Bedeutung[35].

---

[34] Siehe Anhang 3.6.1 im elektronischen Zusatzmaterial.
[35] Die fachliche Korrektheit ist hingegen für das Erlernen von Inhaltskompetenzen wichtig.

Beantwortung der Forschungsfragen und Diskussion der Ergebnisse

5

Aufgrund der geringen Stichprobe von einer Klassengröße und der Nutzung von *convenience samples* sind die Ergebnisse – wie bereits beschrieben – nicht verallgemeinerbar[1]. Im Weiteren beziehen sich alle Aussagen lediglich auf diese konkrete Lerngruppe bzw. im Rahmen der Interviews auf einzelne Kinder.

Im Folgenden werden die Forschungsfragen bearbeitet und somit die inhaltlichen Ergebnisse der Arbeit diskutiert. Im Anschluss wird die methodische Herangehensweise kritisch hinterfragt.

(1) *Inwiefern trägt die entwickelte Unterrichtsreihe zur Kompetenzentwicklung bei? Welche Schwierigkeiten bestehen?*

Der Beitrag zur Kompetenzentwicklung wurde in der vorliegenden Untersuchung vor allem durch die Auswertung der Standortbestimmungen gezeigt[2]. Dabei wurde vor allem ein Fortschritt in der Anwendung von Fachbegriffen, dem Beschreiben von Algorithmen und der Einbettung des Themas Kryptologie in den Alltag verzeichnet. Zudem konnte festgestellt werden, dass sich das Selbstwirksamkeitserleben vieler Kinder im Bereich der Kryptologie durch die Durchführung der Unterrichtsreihe (leicht) entwickelt hat.

Wie in der Interpretation der Abschlussstandortbestimmung deutlich geworden ist, besteht eine Schwierigkeit in der Kompetenzentwicklung vor allem bei der Verbindung zwischen Kryptologie und Informatik. Viele Kinder konnten die

---

[1] Um einen breiteren Blick auf das Themengebiet zu erhalten, würde sich eine weiterführende Forschung zum Thema anbieten, in welcher mit mehreren, randomisiert ausgewählten SuS über längere Zeiträume geforscht wird. Dieses Projekt würde den Rahmen der vorliegenden Arbeit überschreiten.

[2] Siehe Abschnitt 4.1.

J. H. Kerres, *Informatische Bildung im Mathematikunterricht der Grundschule*, BestMasters, https://doi.org/10.1007/978-3-658-39397-7_5

dazugehörige Aufgabe nicht bzw. unzureichend beantworten. Es wird deutlich, dass in diesem Bereich ein Defizit besteht, welches durch eine Umstrukturierung der Unterrichtsreihe potenziell eliminiert werden könnte. Dies wird im weiteren Verlauf der Diskussion aufgegriffen.

Bei der Untersuchung der Standortbestimmungen wurde zudem herausgestellt, dass bei der Anfangsstandortbestimmung kaum Einheitlichkeit in den Lösungen vorhanden war. Dieses Phänomen wurde bereits von *Best* beschrieben[3] (Best, 2020, S. 7). In der Abschlussstandortbestimmung wurden bei vielen Fragen einheitlichere Lösungen produziert, was darauf schließen lässt, dass die von *Best* angeführte Diskrepanz des Vorwissens informatischer Bildung während Durchführung der Einheit homogenisiert worden ist.

Durch die Auswertung der Interviews wurde gezeigt, dass die Kinder sowohl den informatischen Modellierungskreislauf als auch die Problemlöseschritte nach *Polyá* implizit in der Bearbeitung informatischer Aufgabenstellungen nutzen. Der Lernzuwachs kann aufgrund des einmaligen Erhebungszeitpunktes nicht bewertet werden. Das Nutzen dieser informatischen Konzepte deutet dennoch auf eine gewinnbringende Herangehensweise im Zusammenhang mit Informatik hin.

Zusammenfassend kann gesagt werden, dass die Kinder ihre Kompetenzen bezüglich Kryptologie während der Unterrichtsreihe entwickeln. Dabei sind sowohl Fortschritte in inhaltsbezogene Kompetenzen wie dem Erlernen von Fachbegriffen, Einbettung in den Alltag und Beschreibung von kryptologischen Algorithmen zu sehen[4], als auch prozessbezogene informatische Kompetenzen[5]. Die Ausführung dieser sind vor allem durch das implizite Anwenden des informatischen Modellierungskreislaufes und der Problemlöseschritte im Rahmen der Interviews deutlich gemacht worden. Eine potenzielle Entwicklung weiterer Kompetenzen, wie die Entwicklung des Zusammenhanges zwischen Informatik und Codierung, wäre eventuell durch eine Umstrukturierung der Unterrichtsreihe möglich.

(2) Welche Designprinzipien lassen sich im Sinne der fachdidaktischen Entwicklungsforschung für die Unterrichtsreihe ableiten?

Die Unterrichtsreihe basierte auf dem Modul *Kryptologie* des Projektes *Informatik an Grundschulen*. Zu Beginn wurde die Reihe so überarbeitet, dass sie

---

[3] Siehe Kapitel 1.

[4] Dies wird vor allem in der Auswertung der Standortbestimmung deutlich.

[5] Wie bereits diskutiert, werden diese primär durch *Modellieren* und *Problemlösen* dargestellt.

vereinfacht und vom Umfang minimiert worden ist. Diese Überarbeitung sollte aufgrund der Erfahrungen in der Durchführung und Evaluation korrigiert werden. Aufgrund der sprachlich schwachen Situation der Klasse wurde vor allem die Einführung von Fachbegriffen begrenzt[6]. Begriffe, die lediglich vereinfacht worden sind, wie *Code* zu *Schlüssel* oder *Algorithmus* zu *Anleitung*[7], wurden von den Kindern angenommen und angewendet. Andere Begrifflichkeiten, wie zum Beispiel die korrekte Abgrenzung zwischen Methoden zum *Verbergen* und *Verschlüsseln* – diese wurden in der Unterrichtsreihe unter dem Oberbegriff *Verschlüsselung*[8] zusammengefasst – konnten nicht stattfinden. Den SuS wurde also nicht explizit der Unterschied zwischen den verschiedenen Methoden vermittelt. Vor der Durchführung wurde diese Diskrepanz unterschätzt. Rückblickend kann vermutet werden, dass die explizite Vermittlung zu einem tieferen Verständnis der Unterrichtsgegenstände und zur inneren Struktur der Reihe beigetragen hätte. Als erstes Designprinzip kann deshalb abgeleitet werden, dass die Verwendung von Fachbegriffen überarbeitet werden sollte und weitere Fachbegriffe zur Verbesserung des Verständnisses in die Unterrichtsreihe integriert werden sollten.

Diese Unterscheidung der Aspekte der Steganografie bzw. Kryptologie sollte losgelöst von der Thematik der Fachbegriffe deutlich gemacht werden. Dabei sollten sie nicht nur begrifflich, sondern auch inhaltlich deutlicher abgegrenzt werden. Dies fängt mit der sprachlichen Verwendung an. Um eine klare Trennung bzw. Definition der Begrifflichkeiten zu gewährleisten, wäre eine Möglichkeit, mit Einführung des Begriffsfeldes der Verschlüsselung gemeinsam mit den SuS bzw. in einer Think-Pair-Share-Einheit die Unterschiede beider Verfahren zu erarbeiten.

---

[6] In Abschnitt 3.3.3 detaillierter beschrieben. Grund für die sprachlichen Schwierigkeiten sind vor allem Vielzahl an Kindern, die Deutsch als Zweitsprache gelernt haben.

[7] Laut Duden ist die Bedeutung des Wortes Algorithmus: „Verfahren zur schrittweisen Umformung von Zeichenreihen; Rechenvorgang nach einem bestimmten [sich wiederholenden] Schema" (Duden, 2021a). Die Bedeutung von Anleitung: „Anweisung, Unterweisung" (Duden, 2021b). Es ist zu erkennen, dass diese Wörter nicht Synonym verwendet werden können. Dennoch ist eine Anleitung bzw. Anweisung als Beschreibung der Vorgehensweise einer schrittweisen, vorgegebenen Struktur – wie ihn ein Algorithmus innehat – zu verstehen.

[8] Dies geschah aus dem Grund, dass die Kinder die Verfahren kennenlernen und nicht von der begrifflichen Vielfalt abgelenkt werden sollten. Daher wurde der Begriff *Verbergen* nicht dem Wortspeicher hinzugefügt. Es wurde angenommen, dass dies bzw. der Begriff *Verstecken* aus der Alltagssprache bekannt sind und deshalb nicht eingeführt werden müssen. Nach der Einführung des Wortfeldes der *Verschlüsselung* in der nächsten Stunde haben die SuS auch die Verbergungsmethoden als Verschlüsselungsmethoden bezeichnet. Aufgrund des vorherigen Versäumnisses bzw. der Absicht, nicht zu viele Fachbegriffe einzuführen, wurde bewusst eine Übergeneralisierung des Wortes *Verschlüsselung* genutzt.

Dieses zweite Designprinzip würde Sicherheit im Umgang mit den Begriffen und der Abgrenzung zwischen den Verfahren schaffen.

Ein weiterer Kritikpunkt ist das Problem der fachlichen Einordnung der kryptologischen und steganografischen Verfahren in die Informatik. Dies wurde sowohl durch eine geringe Beteiligung am Unterricht deutlich als auch bei der informatikbezogenen Fragestellung der Abschlussstandortbestimmung[9]. Hier haben viele Kinder keine Antwort gegeben bzw. eine fachlich nicht korrekte Einordnung angegeben. Daraus wird Unwissen, aber auch Unsicherheit im Umgang mit diesem Konstrukt deutlich. Die Kinder haben diese also noch nicht in ihr Wissensnetz fest einbauen können. Gerade in der Durchführung der Einführungsstunde wurde deutlich, dass für die meisten Kinder die Einführung der Begriffe *Informatik* und *informatische Bildung* nicht greifbar waren. In der letzten Stunde, nachdem die SuS Erfahrungen im Umgang mit Kryptologie gesammelt haben, war diese Verbindung einfacher zu gestalten. Eine mögliche Konsequenz aus dieser Beobachtung ist, die erste Stunde aus der Unterrichtsreihe zu eliminieren[10]. Die Kinder hätten somit die Möglichkeit, zunächst das Themenfeld der Kryptologie zu erforschen und im nächsten Schritt mit dem Themenfeld Informatik zu verknüpfen.

Um dies zu unterstützen, könnte die optionale Unterrichtseinheit der Reihe von *IaG Codes sind überall*[11] während der Unterrichtsreihe – beispielsweise nach der Stunde über die Freimaurerverschlüsselung – durchgeführt werden (Fricke & Humbert, 2019, KR 37ff). Lernziel für die SuS ist dabei, „im Alltag auftretende Formen von Codierung [zu] beschreiben" (Fricke & Humbert, 2019, KR38). Möglicherweise würde diese Einheit ihnen helfen, die Verbindung zu informatischen Prozessen zu sehen. Die Umstrukturierung des Unterrichtsprozesses bezogen auf die Integration der informatischen Komponente wäre als drittes Designprinzip zu verstehen.

Eine weitere Beobachtung, die aus der Durchführung der Unterrichtsreihe hervorgeht, ist die Problematik der langen Frontalphasen. Diese wurden teilweise aus *Informatik an Grundschulen* übernommen[12], teilweise jedoch auch aufgrund

---

[9] *Aufgabe 4*, Abschlussstandortbestimmung: *Wie hängt das Thema Verschlüsselung mit dem Thema Informatik zusammen?*

[10] Weiter wäre es möglich, die Inhalte der Anfangsstunde in die Abschlussstunde zu integrieren. Ziel ist es also, die Inhalte trotzdem zu vermitteln, lediglich zu einem anderen Zeitpunkt.

[11] Siehe (Fricke & Humbert, 2019, KR37 ff).

[12] Für weitere Informationen siehe: Fricke und Humbert (2019).

der Komplexität des Themenfeldes eingeführt. Eine Möglichkeit, diese Frontalphasen zu vermeiden, wäre die Umgestaltung der gesamten Unterrichtsreihe zu
Stationsarbeit.

> „Stationenlernen bietet den notwendigen Rahmen, innerhalb dessen sich Lernende ein
> und denselben Lerngegenstand auf ihrem jeweiligen Niveau an Vorwissen und vor
> dem Hintergrund der eigenen Lern- und Lebenserfahrung und weiterer maßgeblicher
> persönlicher Merkmale aneignen können." (Langenkamp & Malottke, 2014, S. 22)

Stationslernen bietet vor allem die Vorteile, dass es der Heterogenität der Lernvor-
aussetzungen der SuS gerecht wird und die eigenständige Gestaltung des eigenen
Lernprozesses ermöglicht (Langenkamp & Malottke, 2014, S. 47). In der Auswertung der Anfangsstandortbestimmung und des Vorwissens, welches die Kinder in
den Unterricht einbringen konnten, wurde das unterschiedliche Vorwissen deutlich. Einige Kinder konnten kaum Vorwissen einbringen, während andere SuS
durch Bücher oder Spiele bereits alle Codierungstechniken kannten. Die Lernen-
den könnten auf ihrem Lernniveau arbeiten und an dieses heterogene Vorwissen
anknüpfen. Eine Umgestaltung zur Stationsarbeit als viertes Designprinzip wäre
also potenziell gewinnbringend für den Lernerfolg (Langenkamp & Malottke,
2014, S. 39).

Die genannten Designprinzipien wären im Sinne der fachdidaktischen Entwicklungsforschung in weiteren Durchführungen der Unterrichtsreihe zu untersuchen.

(3) *Welche Phasen bzw. kognitive Prozesse lassen sich bei der Bearbeitung von
Aktivitäten zur Kryptologie identifizieren?*

Bei der Analyse der Interviews wird deutlich, dass die Kinder sowohl die Problemlöseschritte nach *Polyá* als auch den informatischen Modellierungskreislauf
verwendet haben[13]. Nach *Best et al.* sind Modellieren und Problemlösen – und
eine strukturierte Herangehensweise an Probleme – die Grundgedanken informatischer Bildung[14] (Best et al., 2019, S. V). Mit der impliziten Nutzung dieser
informatischen Algorithmen in der Aufgabenbearbeitung kann davon ausgegangen werden, dass die SuS die Grundstruktur informatischer bzw. kryptologischer
Probleme und Problemlösungen bzw. Modellierungen verinnerlicht haben. Damit
kann – rückbezogen auf *Best et al.* – davon ausgegangen werden, dass sie
in Grundzügen die informatische Bildung durchdrungen haben. Diese kleine

---

[13] Siehe Abschnitt 2.2.1 bzw. 2.2.2.
[14] In Abschnitt 2.2 detaillierter beschrieben.

Stichprobe von vier SuS kann – wie bereits angeführt – nicht zur Verallgemeinerung genutzt werden. Hier wären weitere Untersuchungen nötig, um eine verallgemeinernde Aussage treffen zu können.

Inwiefern kann informatische Bildung (im Sinne von Kryptologie) im Rahmen des Mathematikunterrichts in der Grundschule zum Unterrichtsgegenstand gemacht werden?
Um abschließend die übergeordnete Fragestellung zu beantworten, sei auf die Unterrichtskonzeption[15] verwiesen. Im Rahmen der Beantwortung der Forschungsfragen wurden Designprinzipien herausgearbeitet, um im Sinne der fachdidaktischen Entwicklungsforschung und der Kopplung von Forschung und Theorie weiterführend an der möglichst gewinnbringenden Integration von informatischer Bildung in der Grundschule zu arbeiten.

Alle weiteren Aspekte dieser Forschungsfrage wurden bereits durch die Beantwortung der weiteren Fragen diskutiert.

Diskussion der Forschungsmethoden:
Zunächst kann allgemein gesagt werden, dass die Forschungsmethoden sinnvoll gewählt worden sind, um die Fragestellungen gewinnbringend und differenziert zu beantworten. Dennoch ist in der Überarbeitung dieser Potenzial zu sehen:
Eine große Herausforderung in der Auswertung der Ergebnisse ist bezogen auf die Standortbestimmung aufgetreten. Es wurde sich – wie bereits beschrieben – im Vorhinein dazu entschieden, die Standortbestimmungen nicht deckungsgleich zu gestalten, da das Themenfeld den SuS bis dahin nicht bekannt war. Somit konnte kein Vorwissen der SuS erhoben werden, eine identische Konzeption wäre also nicht sinnvoll umzusetzen gewesen. Dennoch war eine vergleichende qualitative Auswertung schwierig[16]. Das resultierte vor allem daraus, dass bei beiden Standortbestimmungen nicht nur deckungsgleiche Konzepte abgefragt worden sind.
Zudem wäre eine Neukonzeption der Standortbestimmungen sinnvoll, welche aus genannten Gründen nicht identisch sein können, bei welchen aber die gleichen Konzepte abgefragt werden. Zum Beispiel wurde in der Abschlussstandortbestimmung das Konzept zur Verbindung von Informatik und Kryptologie abgefragt, welches in der Anfangsstandortbestimmung nicht thematisiert worden ist. Hier

---

[15] Siehe Kapitel 3.
[16] Eine klassische Herangehensweise wäre hier zum Beispiel das Konzept der qualitativen Inhaltsanalyse nach Mayring gewesen, bei welcher die Antworten mittels Kategoriensystem eingeteilt worden wären und dann verglichen worden wären, siehe Mayring (2000, 2010).

wäre eine kurze Einführung in das Thema Informatik möglich. Eine mögliche Einführung ist im Projekt dem Projekt *Haus der Kleinen Forscher* gegeben:

> „Informatik ist überall dort, wo Abläufe automatisiert gesteuert und geregelt werden (die Ampelsteuerung, der Fahrplan der Bahn oder die Tour des Müllwagens, das Programm der Waschmaschine), Daten digital gespeichert und ausgegeben werden (die Digitalkamera, das Hörbuch), Daten übertragen werden (Hands, Fernseher, Radio), Daten verändert und berechnet werden (die Wettervorhersage, der Taschenrechner, das Navigationssystem im Auto)." (Stiftung Haus der Kleinen Forscher, S. 7)

Die an die Einführung in anschließende Impulsfrage könnte lauten: *Wie hängt das Thema Informatik mit dem Thema Verschlüsselungen zusammen?* So würde das Konstrukt abgefragt, ohne unbedingt Vorwissen aufweisen zu müssen. Dies würde wiederum zu einer besseren Vergleichbarkeit der beiden Standortbestimmungen aufgrund gleicher Konzepte führen. Ein weiteres Beispiel sind die *Aufgaben 1* der Standortbestimmungen[17], die in den Grundzügen vergleichbar sind. Dennoch wird in der Anfangsstandortbestimmung die Beschreibung eines Algorithmus zur Verschlüsselung erfragt, in der Abschlussstandortbestimmung lediglich ein quantitatives Aufzählen verschiedener Möglichkeiten. Auch hier wäre eine bessere Vergleichbarkeit gegeben, wenn die beiden Aufgaben aneinander angeglichen worden wären.

Des Weiteren wäre ein direkterer Zusammenhang zwischen den entwickelten Standortbestimmungen und den Lernzielen der Unterrichtsstunden für eine Auswertung hilfreich, um einen direkteren Bezug zwischen Standortbestimmungen und Unterrichtsreihe darstellen zu können. Auch hier wäre eine Überarbeitung zur verbesserten Auswertung sinnvoll.

Ein weiterer Optimierungspunkt bestünde in der Durchführung der Interviews. Um hier einen Lernfortschritt im Sinne eines Prä-/Post-Vergleiches heranziehen zu können, müssten die Interviews zu zwei verschiedenen Zeitpunkten mit den Kindern durchgeführt werden. Die untersuchten Konstrukte *informatischer Modellierungskreislauf* und *Problemlöseschritte* könnten auch in anderen Kontexten erlernt worden sein. Es handelt sich hierbei um prozessbezogene Kompetenzen, welche auch durch andere Unterrichtsformen der Mathematik bzw.

---

[17] *Aufgabe 1*, Anfangsstandortbestimmung: *Ich brauche deine Hilfe. Ich möchte einen Brief schreiben, den Eve nicht lesen kann. Hast du eine Idee, wie ich das machen kann? Schreibe eine Anleitung.; Aufgabe 1, Abschlussstandortbestimmung: Wie kann man Texte verschlüsseln? Schreibe verschiedene Arten auf.*

anderen Fächern gefördert werden können. Zum Beispiel ähnelt der informatische Modellierungskreislauf dem Modellierungskreislauf nach Maaß[18]. Dieser ist auf alle mathematischen Themenbereiche, die mit Modellierung vernetzt sind, übertragbar[19]. Somit haben die Kinder diesen bereits erschlossen und mutmaßlich auch bei informatischen Themen implizit angewandt. Ebenso sind die Problemlöseschritte involviert. Um diese Unsicherheit bezüglich der vorherigen Verwendung aus anderen Kontexten zu vermeiden, wären hier im Versuchsdesign auch eine Arbeit mit Prä/Post-Interviews ratsam.

---

[18] Weitere Informationen: https://primakom.dzlm.de/node/236.
[19] Hier wäre zum Beispiel das Bearbeiten von Sachaufgaben zu nennen, welches den untersuchten SuS bekannt ist.

Fazit und Ausblick 6

Unter Verwendung der Forschungsmethode der fachdidaktischen Entwicklungs-forschung wurde eine Unterrichtsreihe zum Thema Kryptologie entworfen bzw. aus einer bestehenden Unterrichtsreihe des Projektes Informatik an Grundschulen abgeleitet, durchgeführt und evaluiert. Um die Kompetenzentwicklung der SuS bewerten zu können, wurden Standortbestimmungen und Interviews herangezo-gen. Erstere wurden durch qualitative bzw. teils quantitative Verfahren, letztere mit der Interaktionsanalyse nach Krummheuer ausgewertet. Nachdem die For-schungsfragen beantwortet und die verwendete Methodik diskutiert worden sind, wird nun ein abschließendes Fazit gezogen.

Die vorliegende Arbeit hat gezeigt, dass die Kompetenzentwicklung der Kin-der bezogen auf informatische Bildung mittels der designten Unterrichtsreihe zunimmt. Die Unterrichtsreihe ist somit für die Entwicklung informatischer Inhaltskompetenzen und auf Informatik bezogene Prozesskompetenzen innerhalb dieser Lerngruppe gewinnbringend. Dies ist vor allem im Themenfeld der Kryp-tologie bzw. Verschlüsselung zu erkennen. Die Einordnung in das Themenfeld der Informatik fällt vielen SuS auch nach Abschluss der Unterrichtsreihe schwer.

In der Diskussion wurde bereits ausführlich auf den fehlenden Zusammenhang zwischen Informatik und Kryptologie im Lernfortschritt der Kinder hingewiesen. Diese Diskrepanz lässt – neben den bereits für die Unterrichtsreihe abgeleiteten Designprinzipien – darauf schließen, dass das Erfassen dieses Zusammenhan-ges für die Kinder sehr komplex ist. Um im Sinne der informatischen Bildung die informatischen Hintergrundprozesse zu verstehen, ist das Erkennen des Zusammenhanges allerdings unabdingbar.

Diese Schwierigkeit deutet darauf hin, wie wichtig es ist, Kinder in die-sem Bereich zu schulen und zu unterstützen. Wenn solche Zusammenhänge im Rahmen einer Unterrichtsreihe schwierig zu entwickeln sind, ist die Ent-wicklung ohne schulische Unterstützung noch problematischer zu bewältigen.

J. H. Kerres, *Informatische Bildung im Mathematikunterricht der Grundschule*, BestMasters, https://doi.org/10.1007/978-3-658-39397-7_6

Ohne eine konkrete Empfehlung im Bildungskanon kann eine Entwicklung dieser Kompetenzen allenfalls so geschehen.

Es gibt – wie herausgestellt – Überarbeitungspotenzial und -notwendigkeit, um die Unterrichtsreihe anderen LPs zur Verfügung zu stellen und den Nutzen für die Kompetenzentwicklung der SuS zu maximieren. Die herausgearbeiteten Designprinzipien könnten im Sinne der fachdidaktischen Entwicklungsforschung in einem nächsten Schritt verändert und untersucht werden.

Eine weitere Forschung am Thema wäre denkbar: Ein potenzieller Forschungsbereich besteht in der Auswertung weiterer erhobener Daten. Es wurden alle Arbeitsblätter der SuS eingesammelt und somit eine massive Datengrundlage geschaffen, welche in der Auswertung den Rahmen der vorliegenden Arbeit überschritten hätte. Hier wäre Potenzial zur weiteren Forschung der Unterrichtsreihe, um noch präzisere Designprinzipien abzuleiten.

Zudem waren die Untersuchungen kurzfristig angelegt; die Daten wurden während Durchführung der Unterrichtsreihe bzw. direkt im Anschluss erhoben. Um eine Langfristigkeit der Kompetenzentwicklung zu überprüfen, wäre eine weitere Erhebung – evtl. mit Hilfe der Standortbestimmung – nach einer längeren Zeitspanne gewinnbringend.

Eine Möglichkeit zur weiterführenden Forschung wäre, die Studie breiter anzulegen und die Durchführung in mehreren Klassen vorzunehmen. Dies würde zudem bewirken, dass externe Faktoren wie zum Beispiel die Zusammensetzung der Lerngruppe in der Erhebung eine weniger zentrale Rolle spielen würden.

Das Verstehen der informatischen Denkweise wurde als übergeordnete Zielsetzung der Unterrichtsreihe definiert. Dieses Ziel wurde – vor allem in der Betrachtung der Interviews – durch die Nutzung des informatischen Bildungskreislaufes und der Problemlöseschritte durch die SuS erreicht.

Das beschriebene übergeordnete Ziel von *Informatik an Grundschulen* ist, „Facetten der Informatik begreifbar zu machen und sie [die SuS; Anm. von J.K.] so zu unterstützen, ein Verständnis für Informatiksysteme und die Bedeutung von Informatik im Alltag zu entwickeln" (Ministerium für Schule und Bildung des Landes Nordrhein-Westfalen, 2021b). In der Unterrichtsreihe und der vorliegenden Arbeit wurde lediglich auf die Facette Kryptologie eingegangen. Die Unterrichtsreihe hat – wie in der Standortbestimmung deutlich geworden ist – einerseits zum Verständnis des informatischen Hintergrundprozesses der Verschlüsselung beigetragen und andererseits dazu, dass die Kinder die Verbindung zwischen Kryptologie und Alltag knüpfen konnten. Dennoch haben sie die Verbindung zur Informatik unzureichend herstellen können. Insgesamt lässt sich ableiten, dass dieses Ziel ansatzweise – bezogen auf Kryptologie – im Rahmen der Untersuchungen erfüllt worden ist.

Die Erkenntnisse, welche in dieser Arbeit deutlich geworden sind, münden in einer Empfehlung zur Integration von informatischer Bildung in den Lehrplan NRW. Um den Kindern gleichberechtigt einen Zugang zu informatischer Bildung zu verschaffen und somit Bildungsgerechtigkeit zu provozieren, gibt es keine andere Möglichkeit als die feste Integration in den Lehrplan. Laut *Humbert et al.* ist der gesellschaftliche Fortschritt an die allgemeine Bildung, welche die Kinder unter anderem in der Grundschule erfahren, gekoppelt (Humbert et al., 2019, GB10). Dennoch, so Humbert, seien Änderungen im Bildungskanon sehr selten.

Diese Arbeit ist als Plädoyer für die Relevanz der Integration informatischer Bildung in den Lehrplan NRW zu verstehen. Dies wurde beispielhaft am Themenfeld Kryptologie gezeigt; andere Bereiche informatischer Bildung könnten zur weiterführenden Forschung herangezogen werden.

„Bildung ist eine Investition in die Zukunft; ihr Nutzen wird nicht sofort, sondern erst nach vielen Jahren sichtbar. Die Versäumnisse der Gegenwart machen sich deshalb auch erst nach vielen Jahren bemerkbar. Dies gilt insbesondere für die informatische Bildung. Denn Einsatz und Anwendung informatischer Produkte bilden unbestreitbar einen Schlüsselbereich unserer künftigen, wenn nicht sogar bereits unserer gegenwärtigen Gesellschaft" (Peters, 2009, S. 3)

Literaturverzeichnis

Aeppli, J., Gasser, L., Gutzwiller, E. & Tettenborn, A. (2014). *Empirisches wissenschaftliches Arbeiten: Ein Studienbuch für die Bildungswissenschaften* (3. Aufl.). *utb-studi-e-book: Bd. 4201.* Klinkhardt; UTB. http://www.utb-studi-e-book.de/9783838542010

Beck, C. & Maier, H. (1993). Das Interview in der mathematikdidaktischen Forschung. *Journal für Mathematik-Didaktik*(14), 147–179.

Bergner, N. (2018). *Frühe informatische Bildung – Ziele und Gelingensbedingungen für den Elementar- und Primarbereich.* Verlag Barbara Budrich.

Bergner, N., Köster, H., Magenheim, J., Müller, K., Romeike, R., Schroeder, U. & Schulte, C. (2017). Zieldimensionen für frühe informatische Bildung im Kindergarten und in der Grundschule. In I. Diethelm (Hrsg.), *GI-Edition Proceedings: volume P-274. Informatische Bildung zum Verstehen und Gestalten der digitalen Welt: 17. GI-Fachtagung Informatik und Schule ; 13.–15. September 2017 Oldenburg* (S. 53–62). Gesellschaft für Informatik e.V. (GI).

Best, A. (2020). *Vorstellungen von Grundschullehrpersonen zur Informatik und zum Informatikunterricht.*

Best, A., Borowski, C., Büttner, K., Freudenberg, R., Fricke, M., Haselmeier, K., Herper, H., Hinz, V., Humbert, L., Müller, D., Schwill, A. & Thomas, M. (2019). Komptenzen für informatische Bildung im Primarbereich: Empfehlungen der Gesellschaft für Informatik e.V. erarbeitet vom Arbeitskreis „Bildungsstandards Informatk im Primarbereich". *LOG IN*, 39(191/192).

Bundeszentrale für politische Bildung. (2012). *Think-Pair-Share | bpb.* https://www.bpb.de/lernen/grafstat/grafstat-bundestagswahl-2013/148908/think-pair-share

Duden. (2021a, 10. Dezember). *Algorithmus.* https://www.duden.de/rechtschreibung/Algorithmus

Duden. (2021b, 10. Dezember). *Anleitung.* https://www.duden.de/rechtschreibung/Anleitung#synonyme

Fricke, M. & Humbert, L. (2019). "Ich habe ein Geheimnis!": Lehrerhandreichung zum Modul Kryptologie. In Projekt Informatik an Grundschulen (Hrsg.), *Handreichungen und Unterrichtsmaterial. Hinweise zur Schulung/Fortbildung* (KR01-KR57).

Helfferich, C. (2019). Leitfaden- und Experteninterviews. In N. Baur & J. Blasius (Hrsg.), *Springer eBook Collection. Handbuch Methoden der empirischen Sozialforschung* (2. Aufl., S. 669–684). Springer VS.

Humbert, L. (2006). *Didaktik der Informatik: Mit praxiserprobtem Unterrichtsmaterial* (2. Aufl.). *Lehrbuch Informatik.* Teubner.

Humbert, L., Magenheim, J., Schroeder, U., Fricke, M. & Bergner, N. (2019). Informatik an Grundschulen (IaG): Einführung – Grundlagen. In Projekt Informatik an Grundschulen (Hrsg.), *Handreichungen und Unterrichtsmaterial. Hinweise zur Schulung/Fortbildung* (GB01-GB15).

Hußmann, S. & Selter, C. (2007). Standortbestimmungen: Leistungsfeststellung als Grundlage individueller Förderung, *49*(15), 9–13.

Hußmann, S., Thiele, J., Hinz, R., Prediger, S. & Ralle, B. (2013). Gegenstandsorientierte Unterrichtsdesigne entwickeln und erforschen – Fachdidaktische Entwicklungsforschung im Dortmunder Modell. In M. Komorek & S. Prediger (Hrsg.), *Der lange Weg zum Unterrichtsdesign: Zur Begründung und Umsetzung fachdidaktischer Forschungs- und Entwicklungsprogramme* (1. Aufl., S. 25–42). Waxmann Verlag GmbH.

Käpnick, F. & Benölken, R. (2020). *Mathematiklernen in der Grundschule* (2. Aufl.). *Mathematik Primarstufe und Sekundarstufe I + II.* Springer Berlin Heidelberg. http://nbn-res olving.org/urn:nbn:de:bsz:31-epflicht-1664796

Krauthausen, G. (2018). *Einführung in die Mathematikdidaktik – Grundschule* (4. Aufl.). *Mathematik Primarstufe und Sekundarstufe I + II.* Springer Spektrum. http://www.spr inger.com/ https://doi.org/10.1007/978-3-662-54692-5

Kromrey, H., Roose, J. 1. & Strübing, J. (2016). *Empirische Sozialforschung: Modelle und Methoden der standardisierten Datenerhebung und Datenauswertung mit Annotationen aus qualitativ-interpretativer Perspektive* (13. Aufl.). *utb: 8681 : Soziologie.* UVK Verlagsgesellschaft mbH; UVK/Lucius. https://elibrary.utb.de/doi/book/https://doi.org/10.36198/9783838586816 https://doi.org/10.36198/9783838586816

Krummheuer, G. (2011). *Die Interaktionsanalyse.* http://www.fallarchiv.uni-kassel.de/wp-content/uploads/2010/07/krummheuer_inhaltsanalyse.pdf

Krummheuer, G. (2012). Interaktionsanalyse. In F. Heinzel (Hrsg.), *Kindheiten. Methoden der Kindheitsforschung: Ein Überblick über Forschungszugänge zur kindlichen Perspektive* (2. Aufl., S. 234–247). Beltz Juventa.

Kultusministerkonferenz. (2016). *Strategie der Kultusministerkonferenz: "Bildung in der digitalen Welt".*

Langenkamp, D. & Malottke, A. (2014). *Stationenlernen in Trainings und Seminaren: Wie individuelles Lernen in der Gruppe gelingt.* Beltz. http://nbn-resolving.org/urn:nbn:de:bsz:31-epflicht-1135355

Magenheim, J. (Hrsg.). (2004). *GI-Edition Seminars: Bd. 1. Informatics and student assessment: Concepts of empirical research and standardisations of measurement in the area of didactics of informatics : GI-Dagstuhl-Seminar, September 19–24, 2004, Schloß Dagstuhl, Germany.* German Informatics Soc. (GI).

Mayring, P. (2000). Qualitative Inhaltsanalyse. *Forum Qualitative Sozialforschung / Forum: Qualitative Social Resarch [On-line Journal]*(1 (2).

Mayring, P. (2010). *Qualitative Inhaltsanalyse: Grundlagen und Techniken* (11. Aufl.). *Beltz Pädagogik.* Beltz. http://nbn-resolving.org/urn:nbn:de:bsz:31-epflicht-1143991

Medienberatung NRW (Hrsg.). (2016). *Der Medienkompetenzrahmen NRW.* https://medien kompetenzrahmen.nrw/

Medienpädagogischer Forschungsverbund Südwest. (1/2021). *Hohe Stabilität im Mediennutzungsverhalten der Kinder* [Press release]. Stuttgart. https://www.mpfs.de/fileadmin/files/Presse/2021/PM_KIM-2020_final.pdf

Ministerium für Schule und Bildung des Landes Nordrhein-Westfalen. (2021a). *Lehrpläne für die Primarstufe in Nordrhein-Westfalen.*

Ministerium für Schule und Bildung des Landes Nordrhein-Westfalen (Hrsg.). (2021b, 22. September). *Informatik an Grundschulen.* https://www.schulministerium.nrw/informatik-grundschulen

Ministerium für Schule und Bildung des Landes Nordrhein-Westfalen (Hrsg.). (2021c, 26. Oktober). *Schulentwicklung NRW – Lehrplannavigator – Richtlinien und Lehrpläne für die Grundschule.* https://www.schulentwicklung.nrw.de/lehrplaene/lehrplannavigator-grundschule/

Peters, I.-R. (Hrsg.). (2009). *Informatische Bildung in Theorie und Praxis: Beiträge zur INFOS 2009, 13. GI Fachtagung „Informatik und Schule", 21. bis 24. September 2009 an der Freien Universität Berlin ; [Zukunft braucht Herkunft – 25 Jahre INFOS.* LOG IN Verl.

Petrut, S.-J., Bergner, N. & Schroeder, U. (2017). Was Grundschulkinder über Informatik wissen und was sie wissen wollen. In I. Diethelm (Hrsg.), *GI-Edition Proceedings: volume P-274. Informatische Bildung zum Verstehen und Gestalten der digitalen Welt: 17. GI-Fachtagung Informatik und Schule ; 13.–15. September 2017 Oldenburg* (S. 63–72). Gesellschaft für Informatik e.V. (GI).

Pólya, G. & Behnke, E. (1980). *Schule des Denkens: Vom Lösen mathematischer Probleme* (3. Aufl.). *Sammlung Dalp: Bd. 36.* Francke.

Prediger, S. & Link, M. (2012). Fachdidaktische Entwicklungsforschung – Ein lernprozessfokussierendes Forschungsprogramm mit Verschränkung fachdidaktischer Arbeitsbereiche. In H. Bayrhuber (Hrsg.), *Fachdidaktische Forschungen: Band 2. Formate fachdidaktischer Forschung: Empirische Projekte – historische Analysen – theoretische Grundlegungen* (S. 29–42). Waxmann.

Röthlisberger, H. (2001). Heterogenität als Herausforderung: Standortbestimmungen am Schulanfang. In E. Hengartner (Hrsg.), *Spektrum Schule Beiträge zur Unterrichtspraxis. Mit Kindern lernen: Standorte und Denkwege im Mathematikunterricht* (1. Aufl., S. 22–28). Klett und Balmer.

Stiftung Haus der Kleinen Forscher. *Informatik entdecken – mit und ohne Comüuter.* https://www.haus-der-kleinen-forscher.de/fileadmin/Redaktion/1_Forschen/Themen-Broschueren/Broschuere_Informatik_2017.pdf_Informatik_2017.pdf

Voßmeier, J. (2012). *Schriftliche Standortbestimmungen im Arithmetikunterricht: Eine Untersuchung am Beispiel inhaltsbezogener Kompetenzen.* Zugl.: Dortmund, Techn. Univ., Diss., 2011. *Dortmunder Beiträge zur Entwicklung und Erforschung des Mathematikunterrichts: Bd. 5.* Vieweg+Teubner Verlag. https://link.springer.com/content/pdf/10.1007%2F978-3-8348-2405-9.pdf https://doi.org/10.1007/978-3-8348-2405-9

Wätjen, D. (2018). *Kryptographie: Grundlagen, Algorithmen, Protokolle* (3. Aufl.). *Lehrbuch.* Springer Vieweg. http://www.springer.com/

Wittmann, E. C. (1982). *Mathematisches Denken bei Vor- und Grundschulkindern: Eine Einführung in psychologisch-didaktische Experimente.* Vieweg.

Printed in the United States
by Baker & Taylor Publisher Services